"身边的轻科学"系列

厨房里的科学

[意] 法比奥·梅利希阿尼（Fabio Meliciani）◎著

锐拓◎译

U0263206

SPM 南方传媒 | 广东科技出版社 全国优秀出版社

·广州·

Cosa bolle in pentola. La Scienza in cucina
©2017 Codice edizioni, Torino
The simplified Chinese translation rights arranged through Rightol Media
（本书中文简体版权经由锐拓传媒取得E-mail: copyright@rightol.com）

广东省版权局著作权合同登记号：
图字：19-2020-004

图书在版编目（CIP）数据

“身边的轻科学”系列. 厨房里的科学 /（意）法比奥·梅利希阿尼著；锐拓译. —广州：广东科技出版社，2022.6
ISBN 978-7-5359-7817-2

Ⅰ. ①身…　Ⅱ. ①法… ②锐…　Ⅲ. ①自然科学—普及读物
Ⅳ. ①N49

中国版本图书馆CIP数据核字（2022）第017178号

“身边的轻科学”系列：厨房里的科学
“Shenbian de Qingkexue” Xilie：Chufangli de Kexue

出 版 人：严奉强
责任编辑：区燕宜
封面设计：王玉美
责任校对：曾乐慧
责任印制：彭海波
出版发行：广东科技出版社
（广州市环市东路水荫路 11 号　邮政编码：510075）
销售热线：020-37607413
http://www.gdstp.com.cn
E-mail：gdkjbw@nfcb.com.cn
经　　销：广东新华发行集团股份有限公司
排　　版：创溢文化
印　　刷：广州市彩源印刷有限公司
（广州市黄埔区百合三路 8 号　邮政编码：510700）
规　　格：889mm × 1 194mm　1/32　印张 7.125　字数 180 千
版　　次：2022 年 6 月第 1 版
2022 年 6 月第 1 次印刷
定　　价：39.80 元

如发现因印装质量问题影响阅读，请与广东科技出版社印制室联系调换（电话：020-37607272）。

目录

Contents

引言

人如其食

——“大厨！你们的秘密是什么？”

——“取一个鸡蛋，最好是新鲜的，将蛋壳敲碎，把蛋清和蛋黄分离。在蛋清中加入糖，然后将其打成泡沫状。有的人还会往里面放盐，或是撒些面粉，但这些其实都关系不大，制作完美蛋白夹心饼的秘诀是……”

这个厨师就像祝福仪式前的祭司一样看着我，并得意洋洋地告诉了我他的秘诀，因此，我开始热衷于制作蛋白夹心饼，并且在这方面俨然变成了一位“先知”。若是一个人掌握了烹饪的秘密，注定会扰乱同席者的感觉，谁没有过这样的想法呢？厨房是一个充满了秘方和传统、化学和数字、成功和失望、美好与遗憾的地方。我们每天都要吃东西，有的人吃得多，有的人吃得少；吃得或是开心，或是不满足；可能独自一人，可能和他人一起……我们总是与厨房有密切的关系。我们去买菜，并阅读上面的标签，然后回家戴上白帽子，想象着如星级餐厅主厨一样做出我们梦想中的丰富菜肴，并按照所谓健康和节制的原则吃饭，不过在饮食习惯混杂，以及菜色愈加丰富的当下，我们应该如何理清食物与烹饪之间的关系？

我建议从最简单的问题开始：什么是食物？食物是指所有能为我们提供能量和营养的物质，无论是源于动物还是植物。就这么简单？远远不是。德国哲学家路德维希·费尔巴哈（Ludwig Feuerbach）说“人如其食”（Der Mensch ist was er isst）是一个很好的解释，这是关于动词“ist”（德语“是”的第三人称单数动词变位）和动词“isst”（德语“吃”的第三人称单数动词变位）的一个有趣而机智的文字游戏——哲学家就爱使用这样的语言，还经常津津乐道。当人们对食物和烹饪之间的关系产生浓厚兴趣之时，“人如其食”的时代就到来了。与费尔巴哈同时期的几个有趣的思想家和美食家也印证了这一观点，例如美食爱好者简–安瑟尔姆·布里莱特–萨伐仑（Jean–Anthelme Brillat–Savarin）——他也是一位真正意义上的美食家和味觉理论家。在19世纪初，萨伐仑在他的《味觉生理学》中写道：“告诉我你吃了什么，我就能说出你是什么样的人。”萨伐仑的作品充满了理性、品位，还包含了烹饪秘诀，阅读他的文字本身就是一种享受。因此，费尔巴哈并不是第一个探寻人和食物之间密切联系的人。

上述话语并非出自化学家、营养学家或是生物学家之口，而是出自哲学家和美食家之口。对此，作为一个对哲学颇感兴趣的美食狂热爱好者，我感到非常满足。我们把食物消化吸收、合成分解后，重新合成我们需要的物质。然而，费尔巴哈的思想并不仅限于这种激进的唯物主义，他的思想更进一步，他将其上升到了伦理政治的层面——可以说，只要提高了膳食保障，那么人们的生活也将得以改善。

食物消化后进入血液，血液流向心脏和大脑，这都关乎思想和感情。食物是文化和情感的基础。如果想提高人们的生活水平，要做的并不仅是向他们大肆宣传不要犯罪，而是要为他们提供更好的营养食品（《饮食决定着人类的发展或覆灭》，1862年）。

从哲学思想到流行语句，每一步都在重复：这是我们将进行的哲学辩论的高潮。如果是我们自己选所吃的东西，那么至少应该好好选择一下自己所吃的食物；我们是自身肠胃的第一守护者，应该要知道科学可以告诉我们有关人类和食物的知识。我们完全无须让自己陷入不必要的想象，让我们一起深入并仔细研究那些构成盘中食物的分子，那些看不见的分子，那些构成了我们自身的分子。

第一章

我们需要的物质

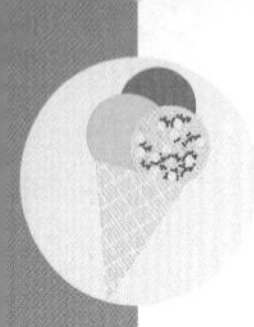

蛋白质——生命的物质基础

男孩的嘴巴像关上的门一样紧闭，他双手交叉，低着头。

很明显，他什么都不想吃。

他的妈妈满怀期待地望着他："你不想长高吗？不想拥有像爸爸一样的肌肉吗？乖孩子，吃点肉吧！吃肉长肉！"

妈妈的话打断了他的思绪。

男孩看着盘子，似乎动摇了。

吃肉长肉，这是生理学和营养学领域经过数十年研究得来的结果，这个结论已经足够成熟，我们无须去质疑，只需要照做即可。

只有吃肉才能长肉吗？吃干果、豆荚、四季豆、鹰嘴豆和鸡蛋能长肉，甚至吃鱼也会长肉。这些食品中都含有蛋白质，而蛋白质是维持生命活动的基础，是我们所有组织形成的基础：包括肌肉、器官、骨骼、皮肤、头发、免疫系统；肉直接为我们提供身体所需的所有蛋白质，但肉并不是唯一的蛋白质来源。

动物蛋白，特别是肉类蛋白，对我们的营养起着十分重要的作用，这个说法来自19世纪的第一代营养学家。当时在欧洲及大洋彼岸都开展了有关营养和人类生理学的研究。像营养学和饮食学之父，德国人卡尔·冯·沃伊特（Karl Von Voit）会大力支持开篇中那位母亲的观点。沃伊特提出，成人每天应摄取118 g动物蛋白。而如今，根据欧洲食品安全局（EFSA）的数据来看，成年人每天的蛋白质摄入量为每千克体重0.83 g蛋白质。也就是说，对于一个75 kg的人来说，每天需要摄入62.25 g蛋白质。这大约是沃伊特提出的标准的一半。

我们说的蛋白质，指的是各种各样的食物。即使在今天，我们摄入的大多数蛋白质还是从肉类和以肉为基础的食品中获得，其次是谷物和乳制品。

让我们想象一下，若是回到19世纪，走进第一位营养生理学家的实验室：他们的研究对象主要是我们在厨房中能够观察到的现象。以蛋清为例，蛋清是液体，但是如果将其加热，它不会像水一样沸腾，而是会凝固。这是为什么呢？它又为什么不能再回到像水一样的状态呢？答案在于组成鸡蛋的某种分子的变化，这种分子即蛋白质。1839年，荷兰化学家杰拉德·约翰内斯·穆尔德（Gerardus Johannes Mulder）研究了来源于动物的不同物质，从蚕丝到蛋清等，他发现这些物质具有惊人的相似性：它们都是由氮、碳、氧和氢分子组成，并且含有一定比例的硫和磷。后来，瑞典化学家永雅·雅各布·贝采里乌斯（Jöns Jacob Berzelius）建议穆尔德用源于希腊语“πρωτεῖος”（proteios）的法语单词“protéine”来给这些分子命名，这个词表明这些东西对生命至关重要。尽管穆尔德受到了当时所处的时代的种种限制，但他还是发现了那些小小的有机化合物，我们称之为氨基酸。这些分子通过肽键结合在一起，形成了数十或数百个氨基酸的长链，而这正是蛋白质构建的基础。今天，我们知道，20多种氨基酸是构成蛋白质为基本单位。想象一下，我们可以用20多个字母创建多少个单词呢？如果我们把蛋白质想象成一个单词或一个短语，那么用20多个字母就能产生大量的组合。然而，在这20多种氨基酸中，人体只能产生其中的14种。那些人体不能产生的，但又对于构建我们所需蛋白质必不可少的氨基酸，我们需

要从食物中摄取。不仅是在肉中，在干果，尤其是在豆类和谷物中，也都包含着丰富的蛋白质。看，在我们祖父母的桌子上，总是放着一盘面食和一些豆类；在两次世界大战之间肉只会出现在农场主的餐桌上，而对于穷苦家庭来说，那些面食和豆类提供了他们的子女在长大过程中，以及他们自己在田间工作时所需的一切能量。

◉ 结构决定一切

蛋白质的种类是多样的，同理，其组成结构也是多样的，对于蛋白质而言，结构决定一切。它们的折叠和排列形式，即所谓的自然状态决定了它们的功能。例如，胶原蛋白是一种肉类蛋白质，呈细长的纤维螺旋状，由3股左手螺旋结构缠绕组成，是微工程学的杰作，赋予了分子极大的弹性，这就解释了为什么胶原蛋白是脊椎动物中含量最高的蛋白质。而角蛋白，即指甲和头发中的蛋白，也具有相似的形状。还有球蛋白，类似于毛线团，球蛋白是鸡蛋、小麦、血液（血红蛋白）或肌肉（肌红蛋白）中的蛋白质。一般来说，我们可以把蛋白质比作缠乱的珍珠链（氨基酸），那我们是如何了解其结构的呢？说起来，这都源于一次重感冒：1948年的春天，化学家莱纳斯·鲍林（Linus Pauling）在家中因感冒而不停地打喷嚏，更折磨人的是除了感冒之外，他还思虑着一个困扰了他多年的想法，或许是在无数次的喷嚏之后，他终于有了灵感。人的思维方式总是难以理解的，鲍林说，他拿了一张纸，开始在上面画画，然后将其折叠。就这样，他把蛋白质的三维结构叠了出来：围绕着一根想象的中心轴旋转的螺旋线，就像旧电话线一样。几年后，他以此为灵感写成了一篇题为《蛋白质的结构：多肽链的两个氢键结合的螺旋构型》的文章，发表在《美国科学院院报》（*PNAS*）科学杂志上，这对于撰写本文的另外两位作者罗伯特·布雷纳德·科里（Robert Brainard Corey）和赫尔曼·罗素·布朗森（Herman Russell Branson）而言，是进入化学和生物学领域的关键。

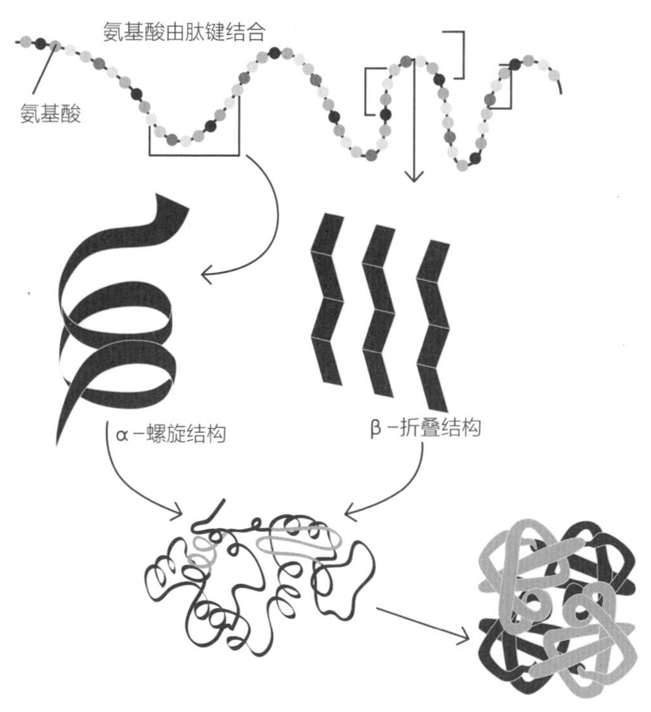

➚ 蛋白质的结构组织

自那时开始，蛋白质数据库已对超过12.6万种蛋白质的原子结构进行了分类，这要归功于新型的低温电子显微镜和超级计算机的强大功能。一个奇怪的巧合是：2017年，来自马克斯-普朗克研究所（MPI）的研究人员发表了一项研究结果，其中展示了一张白蛋白分子的照片，白蛋白是一种卵蛋白，仅有几百万分之一毫米。创新材料的使用，例如石墨烯（一层碳原子的薄片），

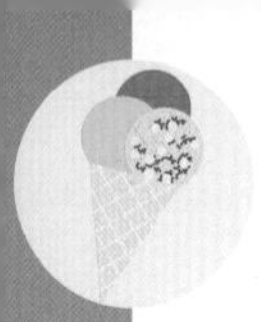

让研究人员们能够拍下单个蛋白质的图像，而不再是从数百万个分子中去获取平均特征。

◉ 动物蛋白的味道

蛋白质对生命活动起着至关重要的作用，而且通过改变蛋白质的性质，我们可以改变食物的口感、颜色和风味。在厨房中，蛋白质是我们发挥创造力的珍贵盟友。如果蛋白质暴露在热、酸性、碱性的环境中，或暴露于空气中，它们的结构就会发生变化，甚至性质也会发生改变。改变蛋白质失去的原始状态，其原始功能也会改变。我们可以通过加热、使用酸性物质（例如柠檬）或干燥等方法使肉类蛋白质的性质发生变化。此外，还有一些操作也会使某些蛋白质性质发生变化，例如，在搅拌器或打蛋器的作用下，蛋清在容器壁中的快速流动会导致其中的蛋白质发生永久性的拉伸，它们就从很小的缠结变成了一条长长的绳子，就像猫扯开了一团毛线一样，结果就是打出了一团可口的白色泡沫。

奶酪、奶油蛋糕、发酵面包、腌肉和熟肉，所有这些食物的口感都归因于其中蛋白质的改变。了解不同蛋白质的特性可以使我们在自由发挥想象力的基础上，避免出现那些可能使我们的劳动成果白费的错误。想想扔掉一块奶油蛋糕是多么难过的事情，这也许仅仅是因为我们烤制的时间太久了。奶油蛋糕这类食品中的基础成分——鸡蛋中的蛋白质，在性质发生变化后会彼此聚集，凝结成一个连续不断的网状结构，这种结构可以将水分聚集在蛋白纤维的空隙中，从而使得奶油凝固。但是，如果长时间烹饪或者提供其他让其性质发生变化的条件，蛋白纤维间就会形成更加牢固的键：蛋白质越来越紧密地结合在一起，致密且不可逆。在这种情况下，乳脂会把蛋白质网中夹带的水分挤出来，水分被挤出来会导致我们制作出来的奶油失去最佳的柔软度和稠度。

食品中另一种基本的蛋白质以酶为代表。酶是我们消化过程中的助手，其实它在烹制菜肴过程中就已经发挥作用了。酶能够把蛋白质分解为单个氨基酸，或者把碳水化合物分解为简单的糖。如果长时间咀嚼一块面包，口中会感觉到甜味。这是因为唾液分泌了唾液淀粉酶，它能将面包中的淀粉分解成单糖。酶是生物催化剂，能改变化学反应的速率。这就是为什么如果和酶“成为朋友”的话，它们就能帮助你在厨房里大显身手。

暗淡或黄褐色的蔬菜，切开后氧化的水果，变得过于柔软的肉，还有液化了的果冻……酶在厨房中可能影响食物颜色和稠度的变化，以及食物的营养品质，但它们也确实可以成为我们的“忠实盟友”。在20世纪60年代末，来自牛津的物理学家尼古拉斯·库蒂（Nicholas Kurti）率先走进厨房进行科学探索。他曾在公开演示中使用皮下注射器把菠萝汁注射到猪肉中，使猪肉变得更嫩并更容易烹饪。那这样做有什么缺点呢？显然，肉会变得很甜，在当时的欧洲，这种味道显得颇具异国风味。如今，在无数菜谱中，我们能发现大量的以肉和菠萝为基础的搭配。如果你不喜欢菠萝的味道，可以尝试在肉中注入普通的腌泡汁，作用是差不多的。按照同样的原理，我们还可以制作其他有趣又易消化的菜肴，例如可以尝试把腌火腿和新鲜无花果结合在一起。

菠萝、无花果和木瓜等水果中含有丰富的蛋白酶，能有效地把蛋白质水解为氨基酸。新鲜的菠萝汁里含有菠萝蛋白酶，这和木瓜中的蛋白酶一样，对水解蛋白质，如胶原蛋白，非常有效，它能使肉质更软，更易被人体消化。当埃尔南·科尔特斯（Hernán Cortés）于1519年到达墨西哥时，他是第一个品尝木瓜

果实的欧洲人，他说当地人把肉包裹在捣烂的木瓜叶子中，就是为了使其更嫩。

腌制、去腥、烹饪，是让肉变得柔软和更易被消化的几个常用步骤，但是如果将这些步骤应用于含有胶原蛋白的肉上，如所有头足纲动物（章鱼、鱿鱼、墨鱼等，这些动物富含胶原蛋白），则通常会使其难以被消化。对鱼类来说，主要来源于菠萝果茎的菠萝蛋白酶对其反应会更快。如果要烹饪鱿鱼，可以尝试在约37℃的温度下，把它们切成环状，在水和新鲜菠萝汁的混合溶液中腌制约30 min，然后洗净、煮熟。这个建议来源于科学期刊《国际食品研究》（*Food Research International*）。

说完了食品中的分子，我们最后来说说与人的生命息息相关的一种分子，一种人体内调节糖分吸收必不可少的蛋白质激素——胰岛素。感谢弗雷德里克·桑格（Frederick Sanger）的研究，首次对胰岛素的氨基酸序列进行了测序。他曾两次获得诺贝尔化学奖，但他不是一个健谈的人，或许正是因为这一点，人们几乎忘记了他的成就。1949年，桑格证明了蛋白质是氨基酸线性链，是一种聚合物。作为一个胰岛素依赖型糖尿病患者，和其他4.2亿糖尿病患者一样，我向那些让我们生活不再那么痛苦的人致以敬意。

糖——随时就位的能量

——“好了！你已经吃了两个了。”

——“我不，我还要一个！”小家伙说。

——“喝点酸奶或者果汁。不能再吃糖了！”

小家伙盯着这个留着胡须的男人，越来越躁动，趁这个男人一个不留神，小家伙又拿起一颗糖果，赶紧放进嘴巴里。他吸吮着糖果，葡萄糖进入他的身体，多巴胺刺激了他的大脑。小家伙笑了，他现在安静了下来。

大胡子男人只得把剩下的糖果藏起来。他喝了一杯鲜榨橙汁，吃了一根淋了番茄酱的热狗，以安慰在与小家伙“斗争”中失败的自己。他再抬头一看——小家伙已经把汤匙伸进了一盒粉色酸奶中。

我们喜欢甜味，这是很正常的。虽然我们的细胞需要糖分，但也是有限制的。果汁、饼干、香草冰激凌……从一开始，我们就从未停止过对甜味的渴望。我们的祖先会选择糖分最多、最成熟的水果，因为这些水果所能提供的能量最多。那么我们呢？当我经过超市里那一排排货架时，我无法抗拒那色彩鲜艳的饮料和美味可口饼干的诱惑。我听见了来自祖先的呼喊，他们告诉我：“你需要糖分！”在寒冷的夜晚，糖分能让我保持温暖。我需要糖分，糖分能让脂肪更快地得以转化，能让我的大脑保持运转，没有大脑的运转，我将无法生存和思考。

糖是最重要的消耗能源，也是人体和大脑的能源物质。通过

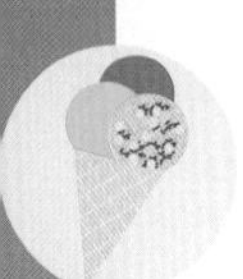

人体细胞中发生的反应，摄入的糖与呼吸的氧气之间发生着某种可控的“燃烧”，从而产生维持人体正常活动所需的能量。然而，糖不仅为人体提供了能量，还影响着国家和人民的命运，改变了世界各地的贸易和文化。

在16世纪，正是由于糖的生产，滋生了从非洲到新大陆（美洲）的奴隶贩卖活动——因为需要奴隶在甘蔗种植园里工作。炼糖业和糖贸易的巨额利润刺激了18世纪欧洲的经济增长。起初，糖刚到达亚非欧时，还只是少数人的奢侈品，作调味料烹饪肉或鱼、让苦药变甜。如今，糖已变得普遍和廉价，随处可寻。因此，我们和糖的关系发生了变化，甚至划分出了不同的阵营：把糖视作“麻醉品”或者“毒药”的人、从糖中牟取利益的人、认为糖必不可少的人，以及那些时不时想要吃一块蛋白夹心甜味饼干而不会感到内疚的人。

通常，当我们谈论“糖”时，我们指的是蔗糖，即常见的可用于烹饪的糖：由2个较小的葡萄糖和果糖分子组成的二糖。它们虽然具有相同的分子式和相同的原子数（6个碳原子、12个氢原子和6个氧原子），但是原子的排列方式不同。蔗糖、葡萄糖、果糖、乳糖和麦芽糖是所谓的**单糖**，它们与更复杂的分子［例如淀粉和纤维素（有成千上万个葡萄糖分子链）等多糖，以及例如琼脂和果胶等用作胶凝的植物胶］一起，组成了更大的由碳、氢、氧原子构成的分子群——碳水化合物。

单糖易于消化且能被迅速吸收，能形成晶体，与水有亲和力，并且有很强吸水性，这就是为什么饼干在潮湿的环境中会变得不松脆。但是，这一特性能使蛋糕更长时间地保持松软。果糖是最甜的糖，甜度比蔗糖高70%，比葡萄糖高30%。此外，葡萄糖和果糖有利于面包的颜色褐变——这要归功于美拉德反应，并且当我们要制作糖霜和糖果时，这两种糖还可以防止蔗糖结晶。

对烹饪爱好者来说，糖还有许多有趣的特性，比如发酵，或做成凝胶、炼焦糖，这些还只是糖的一部分特性。

相反，其他的碳水化合物（复合糖）是无定形、无味的，且不溶于水，通常也较难消化，但是它们比单糖更受欢迎。纤维、谷物和全麦食品可以增加饱腹感，并且能提供更长时间的能量供给。另外，单糖会迅速提升血糖，从而增加患肥胖症和心血管疾病的风险。如果我们真的想吃单糖，最好像我们的祖先那样做——从水果和蔬菜中获得单糖，同时还能获得纤维和淀粉。

动植物产生的糖是用来储存能量的，大多数植物产生蔗糖，而动物从外界摄入糖类并经过分解消化后产生乳糖。我们都学过叶绿素的光合作用过程，即植物产生糖的方式：植物通过根部吸收水分和矿物质，并通过叶片吸收二氧化碳（CO_2）。由于叶绿素的作用，这些分子可以吸收阳光并将其转化为能量，从而产生了糖和氧气。这是一种储存太阳能的奇妙方法。

在植物中，人类学会了从甘蔗和甜菜中提取糖。蔗糖是由阿拉伯商人引入欧洲并且首先开始传播的。后来，随着美洲大陆的发现，克里斯托弗·哥伦布（Christopher Columbus）将甘蔗带到了多米尼加首都圣多明各，为甘蔗种植找到了一片肥沃的土地。1747年，德国化学家安德里亚斯·西吉斯蒙德·玛格拉夫（Andreas Sigismund Marggraf）发现，从甜菜中也可以获得蔗糖，他的学生弗朗兹·阿哈德（Franz Achard）在1802年引入了第一个甜菜工业提取工艺，后来也应用于甘蔗糖分的提取。如今，借助现代化的精良系统，我们可以获得纯度超过99%的蔗糖。

在我们生活中会看到各种各样的糖，如黑糖、白糖、红糖、冰糖、方糖、粗糖、精糖、蔗糖、甜菜糖或玉米糖。我们在餐吧里喝咖啡的时候面临的选择是：到底是加白糖还是加黄糖呢？通

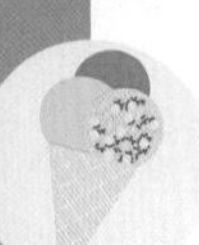

常，黄糖会受到美食家、注重健康的人和追求天然的人的青睐。我们其实并不清楚造成这种差别的原因是什么，因为这两种糖是同一分子。也许是因为制糖剩下的糖蜜的糖味更加的天然？黄糖和黑糖只是包含了更多的糖蜜残渣，因而它们的香气和颜色有所不同。但是，仍然有些人认为相较于白糖，食用黄糖更加健康，这个观点加剧了人们的困惑。

如今，有关糖类消耗的争论非常激烈，甚至一些科学杂志都曾用令人惊慌的标题发表过文章，表示对这个糖果和糖浆泛滥的世界充满担心。实际上，关于人类依赖于糖的研究颇具争议，而糖与代谢相关的疾病，如糖尿病、肥胖症和心血管疾病有密切关系，已被许多研究证明。20世纪70年代之前，有关糖的讨论其实并不是很活跃，直到1972年，随着《纯净、白色，但是有害》（*Puro, bianco, manocivo*）一书的发行，人们开始更多地谈论单糖和多糖之间的主要区别。这本书的作者，英国生理学家和营养学家约翰·尤金（John Yudkin）是英国伦敦伊丽莎白女王学院营养系的创始人。

尤金在书中的这种想法被证明是有预见性的，因为2000年这种争议再次出现，人们开始把广泛用于饮料中的糖（例如葡萄糖，尤其是果糖）与肥胖症的增加联系起来。人们开始明白，摄入太多的糖会对身体不利。2016年，科学杂志《美国医学会杂志》（*Journal of American Medical Association*）上一篇文章称20世纪70年代的制糖业曾聘请一批具影响力的研究人员，负责最大限度地撇清糖在心血管疾病发病率中的关系，并把人们的注意力转移到多余的脂肪上去。

现实是很复杂的，人们通常只在乎糖摄入量多少的问题。但事实是，我们并不需要摄入所有种类的糖，特别是所谓的添加糖。在许多情况下，我们甚至是在不知情的情况下食用了这些糖。

世界卫生组织（WHO）建议将糖的摄入量限制在人体每日所需总热量的10%以下，这是基于科学研究所得的数据。研究表明，较高的糖分摄入会增加糖尿病、肥胖症和心血管疾病等代谢综合征的发病风险。WHO甚至希望人们能够将每日糖的摄入量控制在食物总摄入量的5%以内（即每天25 g，相当于6茶匙），同时无须再摄入多余的添加糖。人体所需的碳水化合物（每日所需热量的45%~60%）大部分来源于面食、大米、豆类、谷物及水果、蔬菜和牛奶中所含的单糖。有一个建议，阅读食品的营养成分表，不要过于相信自己的味觉，如两个果冻糖果、一份酸奶和一杯果汁，就像我们前面故事中小家伙吃的那些一样，这里大约含有相当于14茶匙的糖，一杯橙汁和淋了番茄酱的热狗约含10茶匙糖。

◉ 隐藏的糖和甜味剂

糖无处不在，它不仅存在于糕点、冰激凌、巧克力、饮料、糖果和谷物早餐中，并且在熟食、酱油等调味品、加工过的肉类、番茄罐头和面包中也含有很多。通常，食品业还会向贴有**“清淡”（light）**标签的低脂肪食品中添加糖，以增加其风味。阅读食品的营养成分表可发现，相同的分子成分能有十余种不同的名称表达，从葡萄糖到葡萄糖浆、淀粉糖浆、玉米糖浆，从麦芽糖到**金糖浆**，从大麦芽糖到葡萄糖。所有单糖，都添加到了我们的食物中。有什么方法能让人们在摄取足够糖分的同时，也能为我们提供低热量的食物去满足人们对甜味的渴望呢？如今，我们有一系列不会增加血糖就能增甜的分子（甜味剂）。在自然界中，这些分子不会自己结合在一起，而一旦将它们合成新分子，

其甜度是糖的数百倍，并且由于其不会被人体所吸收，所以也不会增加热量。

阿斯巴甜是最早的合成甜味剂之一，也是特别受欢迎的甜味剂之一。它的甜度是蔗糖的200倍，它由两个氨基酸组成：苯丙氨酸和天冬氨酸。苯丙氨酸受热离解（在室温下更慢），在口中会留下苦味。由于化学工业的疯狂发展，甜味剂的品类清单也由此变长，比如乙酰氨基磺酸（一种钾盐，比广泛用于糕点的蔗糖甜200倍）和甜蜜素（即环己基氨基磺酸钠，比蔗糖甜30倍），不建议怀孕期的妇女和新生儿食用它们。还有从柑橘中提取的二氢查耳酮，比蔗糖甜900倍，还有更加出名的糖精。合成甜味剂种类繁多，难以选择。

当然，对于这些通过研究而合成的分子，人们常常会产生怀疑和恐惧。例如，在20世纪70年代，像阿斯巴甜这类的甜味剂被认为具有致癌性，这一点目前尚未得到证实，但对其的使用也陷入了危机。甚至还有人推测，甜味剂可能会导致代谢综合征。然而，关于甜味剂的研发并没有停止，如今，从**甜叶菊**等植物中提取的甜味剂也正在普及使用。甜叶菊是巴拉圭的一种灌木，甜叶菊叶中所含的物质比蔗糖甜数百倍，其叶子（无论是新鲜的还是干燥的）在不超过140℃的热饮或煮熟的食物中也可以用作甜味剂，它的甜味刺激较为缓慢，并带有少许甘草的苦味。

但是，实验表明，甜味剂的这种“欺骗”只体现在味觉上，而大脑知道它想要什么。例如，实验中的老鼠和果蝇可以从无加热的甜食中区分出是否有提供能量的糖。饥饿的大脑拥有一种可以感知食物营养质量的能力，能够帮助我们选择出最富能量的食物。

◉ 焦糖和糖果

实际上糖果永远不会被拒绝，哪怕它是一种对人体无益的糖类，并且糖果拥有无数不同的形式，从焦糖到夹心软糖。焦糖的意大利语是“*caramello*”，这个词源自拉丁语“*calamellus*”，意为“小甘蔗”，这个词提醒我们，糖最先是从甘蔗中获得的。要制作焦糖，必须将糖加热到相当高的温度（160℃以上），直到它从棕橙色的液态变成透明黏稠状，再将其冷却。它凝固后能很好地保持甜味。它的用途是多种多样的，在食品工业中，焦糖在可口可乐以至某些香醋中也被用作食用色素，这就是我们所说的隐藏的糖。要在家中制作焦糖，只需将100 g糖倒入50 mL水中，糖和水比例为2∶1，然后控制中高温煮。焦糖化是一种氧化热反应，其中糖分子会产生挥发性分子，能产生香气，而其他分子则产生典型的棕色，其口味则取决于著名的美拉德反应。

通常，当我们加热含糖量高的食物时，就会发生焦糖化，水分蒸发，并引发一系列反应。该反应发生所需的温度取决于糖的类型。果糖焦糖化需要达到110℃，葡萄糖和厨房用糖焦糖化需要160℃。类似于蜂蜜般轻质柔软的焦糖，适用于制作奶油布丁、冰激凌或法国夏洛特布丁，温度变化必须在156~165℃。如果想要焦糖颜色为棕色，并使其稠度从半液态变为固态，温度必须升至175℃，这是一个关键的温度阶段，但温度过高会把焦糖碳化变焦。

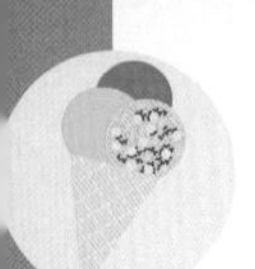

乙醛（雪利酒）
乙醇
OH
O
乙酸（醋）
O
OH
O
OH
麦芽酚（烘焙）
O
O
双乙酰（黄油）
O
苯（溶剂）
O
乙酸乙酯（水果）
O
O
呋喃（果仁）
糖

➚ 焦糖化产生的分子

（来源：哈罗德·麦基（Haeold Mcgee），《食品和厨房》（*Ilciboela Cucina*），利卡出版社（Ricca））

那么糖果呢？所有糖果的基本成分都是水和糖，而且制作时所需温度都很高。往水中加糖时，晶体在溶液中溶解，最易溶解的是果糖。众所周知，一定量的水中不可能溶解无限量的糖，达到极限后，该溶液就称为**饱和溶液**。溶液的饱和点随温度的变化而变化，通过增加温度，就可以溶解更多的糖。水虽然蒸发了，但是糖仍保留在溶液中，这种类型的溶液（在一定的温度下，该溶液中所含糖量高于饱和溶液）被称为**过饱和溶液**。这是一种不稳定的情况，只需要一点干扰，糖分子就会开始出现结晶现象。

结晶是糖果生产中的基本反应，但我们并非总是希望出现结晶反应。我们可以将糖果分为两类：一类是含有晶体的结晶状糖果，例如软糖；另一类是非结晶或无定形的糖果，例如太妃糖或棒棒糖。产品最终稠度取决于糖的温度，即取决于糖在溶液中的浓度及冷却的方式。例如，对于软糖来说，一旦达到沸腾的温度，就可以将糖浆（水和糖的溶液）慢慢地冷却后形成蔗糖晶体，且无须搅拌。如果要防止晶体的形成，则必须快速冷却，或在蔗糖溶液中添加其他糖类（例如葡萄糖和果糖）以干扰结晶过程。还可以添加酸性物质，例如柠檬汁，这些酸性物质会将蔗糖分子水解为果糖和葡萄糖，从而再次干扰结晶，在这种情况下，我们就能得到所谓的**转化糖**。蔗糖的晶体就像乐高积木一样，当周围积木的大小和形状相同时，它们彼此之间才能更好地结合在一起。

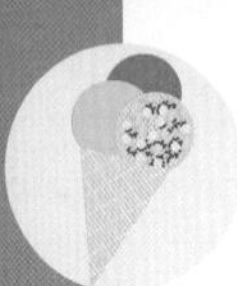

从橄榄油到动物脂肪

手机响了，凌晨2: 00。

该起床了！我躺在床上，翻了一个身，又继续睡下去，但是我的父亲已经起床并且穿好衣服，他和祖父一起匆匆忙忙地离开了。在压榨橄榄的过程中，榨油机从来不会停止工作，即使是深夜。在托斯卡纳，我周围所有的家庭都至少拥有几棵橄榄树，并且能以此生产油，或者至少认识榨油的人。对我的祖父来说，榨油的过程就像在等儿子出生一样。这儿的农民，榨油是为了工作，但很少有人会满足于此。我在橄榄油的滋润下长大。猪油是融化猪的脂肪组织后得到的油脂，橄榄油和猪油一样，都是摆在我们餐桌上的许多菜肴的基础用料和调味品。

碳水化合物和类脂化合物都是由碳、氧、氢3种原子组成的，但这些原子在数量和排列方式上有所不同。碳水化合物和类脂化合物的功能相似：动植物产生脂质来储存能量，以在缺乏食物时发挥作用。在相同的重量下，相较于糖或者淀粉，脂质能够提供两倍的热量。除了脂肪、油和磷脂外，胆固醇、萜烯、蜡和植物色素也属于这一类分子。

黏性、油性的油脂主要由甘油三酸酯组成，甘油三酸酯是3种脂肪酸分子与甘油的组合，在一个碳原子的短链上，其中3个碳原子充当框架从而使脂肪酸粘在一起。我们在餐桌上要区别饱和脂肪和不饱和脂肪。过量食用脂肪，特别是饱和脂肪，会对我们的身体产生负面影响。除此之外，分子之间的差异还决定了这两种物质不同的外观。

饱和脂肪酸由饱和碳原子链与氢原子（填充至最大容量）组成。在室温下，它们像黄油一样具有坚实而紧凑的外观。油中所含的不饱和脂肪酸在室温下呈液态，可以通过一种称为“**氢化**”的实验方法，在室温下将不饱和脂肪制成固态或乳脂状。在氢化过程中，通过添加氢原子使不饱和脂肪酸达到饱和，就像用植物籽油制成人造黄油一样。分子之间的差异也会影响它们的存储方式（黄油要存放在冰箱中，而植物籽油不用），并影响脂肪分解成气态产物的温度。所谓的**烟点**，是指形成可见烟，以及产生会破坏食物营养和会影响人体健康的有毒物质的时间。另一个重要特征是，脂质不亲水，因为它们是疏水分子，这一特性除了会极大地影响我们的烹饪方式外，还对生命至关重要，所有生物都利用脂肪与水之间的这种不相容性，才能把液体保留在细胞内，从而形成不可渗透的屏障。当我们在厨房中制作含油的酱汁时，也会发现脂肪和水的不相容性。油脂是许多食谱的基本配料，它们不仅可以使食物变软，还可以让食物变得酥脆且富含香气，因为它们的沸点远远高于水的沸点，这就是为什么我们每次往锅中放入一定量的油或者黄油时，会噼啪作响的原因。

◉ 橄榄油

橄榄油是榨取**橄榄**果实所得的产物。橄榄树是一种生长能力很强的树，特别耐旱，在地中海东部地区至少存在5 000年了。如果大家去雅典的卫城，仍然会在城中发现无数古老的橄榄树，它们在那里独领风骚。在神话中，橄榄树是雅典娜挑战波塞冬在雅城邦至高无上的地位时，送给这座城市的礼物。雅典娜让第一棵

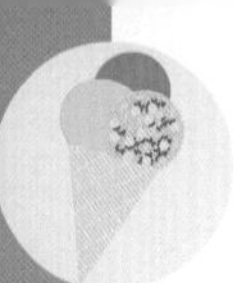

橄榄树从岩石上萌芽，生长出来的果实能照亮雅典的夜晚，能治愈人们伤口，以及给人们提供营养。正是因为这份礼物，宙斯选择了她作为这座城市的守护神。

即使在今天，橄榄树仍然保留着其在传统、宗教和神话中的部分象征意义。抛开那些神话传说，我一直想知道，人类是如何发明用如此苦的橄榄果实，制作出如此美味的橄榄油。不要以为我们在喝开胃酒的时候佐配的腌橄榄就是橄榄的味道，这是经过漫长的制作过程的，这里说的是那些刚从橄榄树上摘下来的新鲜橄榄。橄榄树的果实和叶子中所含的酚类化合物（如橄榄苦苷）不仅对微生物具有保护作用，而且对人类也具有同样的保护作用，不过也正是因为这类化合物，让橄榄果实味道苦涩，难以下咽。

橄榄果实成熟需要6~8个月，当果实开始变紫时就可以准备压榨了。将橄榄果实采集起来，不去核，和少许的叶子一起清洗、压扁、粉碎。然后将获得的糊状物来回搅拌，以分离油和水，最后再压榨。第一道低温压榨而得的油是最细腻、色泽最稳定的油，即为特级初榨橄榄油，这种油是地中海地区饮食的基础之一。它98%~99%是甘油酯（甘油三酯、甘油二酯和甘油单酯），其余的1%~2%是水、叶绿素、多酚和其他残渣，鲜明的金绿色是类胡萝卜素和叶绿素而产生的，香味则是取决于酚类化合物的苦味和辛辣味，以及许多其他的分子的味道——从那些带有花果味的分子到那些让人联想到干草和杏仁味的分子，而其中脂肪酸占了主导地位，它具有洋蓟和苹果特有的香气。完美的香气是纯净而简单的，若是涂抹在面包上会更好闻。在榨取橄榄油的各个阶段，所有分子都会释放出来，压榨的过程对于获得优质的产品来说是至关重要的。而正因为特级初榨橄榄油成分的复杂性和丰富性，使其富含珍贵的不饱和脂肪酸。此外，它还富含抗氧化剂和维生素E，能够抵抗空气对它的降解作用，但若是暴露于阳光下，就无法抵抗阳光对它的降解作用了，因为橄榄油中所含的叶绿素会吸收光并发生反应，从而破坏油的品质，这就是橄榄油需要保存在深色玻璃瓶中的原因。

◎ 疯狂的蛋黄酱

油和水的关系就像让两个性格迥异的人试着在一起，看似容易，实则令人恐惧，这隐喻了一场不可能的爱情，而只有那些有恒心和激情的人，才能收获爱情的果实。任何一个有烹饪梦想的人都会面对至少一次的制作蛋黄酱的考验，蛋黄酱的基本成分是油和水，不过这里的水混合于蛋黄、醋或柠檬汁中，因为让水与油相融是不可能的！就算把它们放在一起，马上又会再次分离。让它们相融的唯一方法，是引入一种能够让这两个“灵魂”聚在一起的物质，这种物质就是表面活性剂，或者乳化剂。这些分子的头部具有水溶性，可以很好地与水结合；而它们的尾部又具有脂溶性，可以与脂肪很好地结合。正是这一矛盾体让脂肪和水共存。

蛋黄就是一种上好的乳化剂，因为它的卵磷脂含量很高，卵磷脂是制作许多种类的酱料都要用到的，无论是蛋黄酱还是荷兰酱。当把脂肪掺入到含有乳化剂的液体中时，脂肪会形成微小的脂滴，与水分离后，它们通常会趋于聚集，但在乳化剂的作用下，它们会在磷脂疏水尾部的周围聚集。蛋黄酱的制作过程中有时还会添加少许的芥末作为稳定剂。

蛋黄酱的传统制法首先要把除油以外的所有物质混合搅拌，然后把油慢慢倒入搅拌器中，在其变稠的过程中加速搅拌。一个蛋黄可以乳化10杯油，其关键因素在于油与水的比例：3∶1。乳

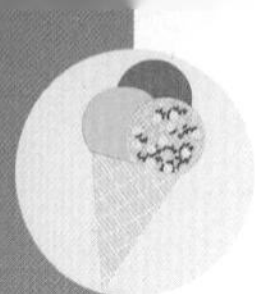

化后，油会变得非常多，特别是对于特级初榨橄榄油，然而这么做的代价是油与水在一段时间后会再次分离，蛋黄酱就会凝固。建议使用精炼油，即植物种子油，如果蛋黄酱凝固了，可以试试再加一个蛋黄进去，然后继续搅拌。

意大利阿布鲁佐大区的大厨尼科·罗米托（Niko Romito）的餐厅，曾被评为米其林三星。多年来，他一直将简约与创新相结合，提出了一种在能几秒钟内做好蛋黄酱的方法。在花时间准备好所有的原料之后，我们可以看到，只需要把搅拌器插入其中搅拌就能瞬间完成所有工作：2个鸡蛋，250 g葵花籽油，25 g白葡萄酒醋和5 g盐。把常温鸡蛋加到油中，置于一个圆柱形的容器内，再把搅拌器放在该容器的底部，就能乳化这一混合物。搅拌器叶片的速度每分钟超过13 000转，如此高的转速有助于将脂肪打碎成很小的脂滴，从而使蛋黄中的卵磷脂能在几秒钟内混合所有的物质。上下移动搅拌器的同时再往混合物中加入其他成分，直到获得优质的乳霜。尝试制作一次蛋黄酱吧，对我来说，促成这场“不可能的恋爱”让我感到非常满足。

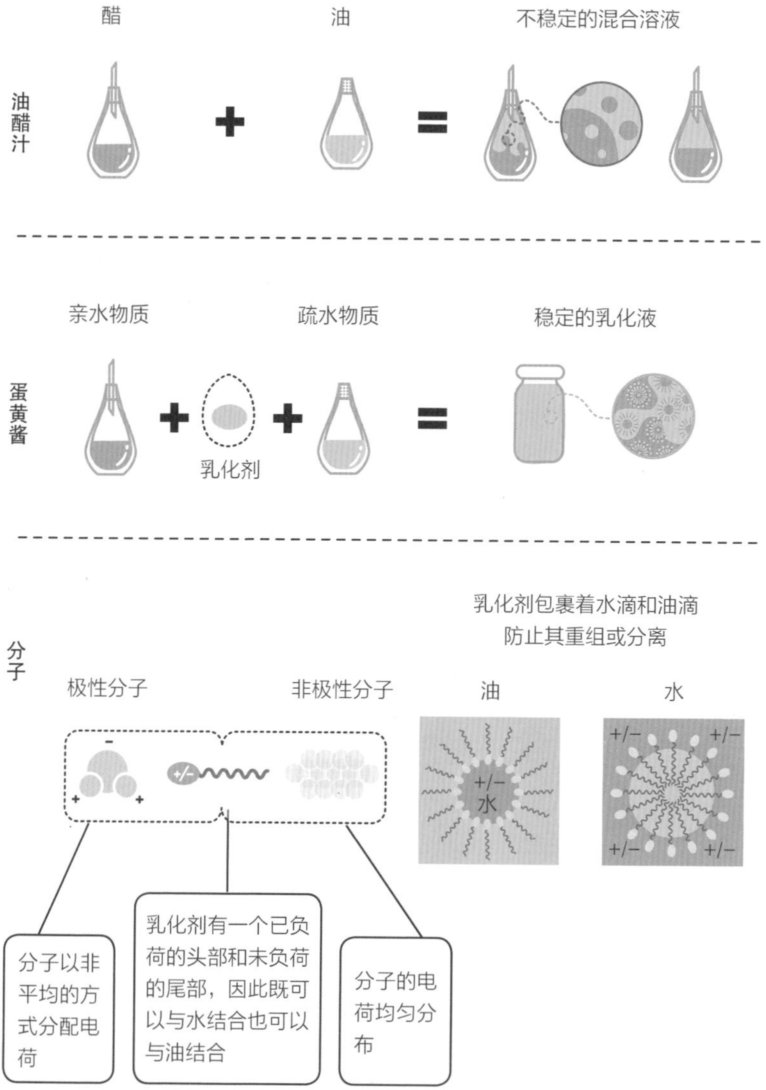

油醋汁

醋

油

不稳定的混合溶液

蛋黄酱

亲水物质

疏水物质

稳定的乳化液

乳化剂

分子

极性分子

非极性分子

乳化剂包裹着水滴和油滴
防止其重组或分离

油

水

+/−
水

+/−

分子以非平均的方式分配电荷

乳化剂有一个已负荷的头部和未负荷的尾部，因此既可以与水结合也可以与油结合

分子的电荷均匀分布

对油水混合液的分析

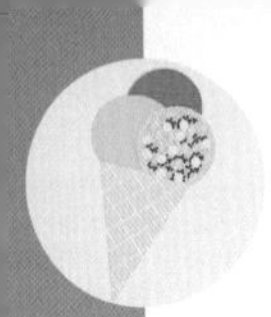

◉ 黄油

当我发现在家中制作黄油（把半液体状的物质转变为固体状的糊状物）也是如此简单时，我感到十分高兴。许多人都爱黄油，但我对黄油总是抱有一种爱恨交加的感情，这可能来自我上的烹饪课程。和所有的饱和脂肪一样，我一直把黄油视为一种令人讨厌的诱惑。后来，在对黄油使用得当且控制好用量后，我发现自己对黄油也有了更为正确的评价。不过自从我接触了印度美食，我对黄油的认知也有所改变，从某种程度上来说，要感谢我最近对文学的热情。诺贝尔文学奖获得者爱尔兰作家谢莫斯·希尼（Seamus Heaney）在他的诗歌《搅奶油的日子》（*Giorno di Zangoatura*）中，以一个孩子的眼光，精确而详尽地讲述了他的家人是如何制作黄油的，这个故事成功地将这种食品变成了一个生活的片段："……突然，一个黄色的凝块使搅拌器变重，他们钩起凝结的'阳光'，滴落在宽宽的锡滤网上，像金色的沙砾堆积在碗中。"

黄油是用牛奶加工出来的一种油脂。黄油是由脂肪中的微小液滴组成，这些液滴悬浮在乳脂之中。意大利规定，黄油必须由至少82%的脂肪和15%的水制成。还有许多用老配方制成的黄油，其品质在厨房中广受赞誉，如今也在我们的周围再次流行起来，其中包括印度的澄清黄油和**印度酥油**。澄清黄油和印度酥油是两种相似的产品，都是经黄油的澄清获得的，但也有一些区别。前者口感细腻，是烹饪意式炸肉排的理想选择；而后者的**酥油**由于在制备过程中发生了美拉德反应，因此呈金黄色和橙色，其气味更浓烈、更香甜，是涂抹于**印度薄饼**上的极佳选择。

就**印度酥油**而言，其用途远远超出了烹饪领域。在阿育吠陀医学中，它被视为是一种神奇的**灵丹妙药**，能够延长寿命、提高注意力和学习能力、治愈伤口、治疗不育、用于视力和关节问题等。简而言之，在他们看来，这是一种万能药。

从化学角度来看，澄清黄油之类的产品与传统的黄油完全不同：它是一种纯脂肪，去除了酪蛋白（乳蛋白）和水；由于不存在可能让细菌繁殖的水环境，因此即使不放置在冰箱里，也可以保存很长时间。在家制作澄清黄油也很简单：在厚底的锅中将黄油融化，温度上升至水的沸点，因为在这个温度下酪蛋白和黄油脂肪不会降解，但是水会蒸发；水蒸发后，再次升高温度，酪蛋白到了120℃开始变黑。为了在达到200℃的高温时不把黄油烧焦，我们还必须从黄油中去除酪蛋白。慢慢地，黄油开始形成白色泡沫，这是气泡中包裹的牛奶蛋白所致，需用勺子将其去除，或者稍稍摇动表面以使气泡破裂，并使酪蛋白沉淀在底部，然后放凉。待其冷却至40℃以下后，将黄油转移到玻璃罐中，然后密封盖紧。若发现酪蛋白沉淀在底部，则将其清除，然后再把黄油放在冰箱中。这样就做好了一罐非常适合煎炸的黄油，其中不含有任何在相对较低温度下燃烧时所产生的固体牛奶残渣。

澄清黄油的烟点较高，可以加热到180~200℃，而黄油只能加热到130℃。正是由于这些品质，澄清黄油作为一种食品几乎传遍世界各地。在德国，它被称为“buttershmalz”；在英国，它被用来烹饪肉类和贝类；我们还能在非洲的马格里布地区，以及在北美洲、南美洲，还有印度、巴基斯坦等国家和地区找到它，其使用方法与橄榄油相同。

水资源

第一个气泡开始沿着锅壁升起来了，是盐溶解在水中形成的小气泡。

过了一会，锅底也开始出现气泡。

——“我要放盐吗？”一个日本朋友用他十分蹩脚的意大利语问我。

这是个什么问题？他不会来自月球吧？

——“随你吧。”我回答道。我明白了，月球上没有水，但是……

——“我要放多少？我看说明上写着1 L水中放10 g盐和1 kg意大利面，这你应该知道吧。”

——“为什么？”

——“因为你是意大利人。”

水是生命之源，人类的健康离不开水。我们人体中大部分是水，我们的历史以水的存在和近水而居为特征。我们四处寻找它，甚至越过了国界。人每天都应饮用水，有了水才能健康地成长，这是一个奇妙的规律。实际上，在意大利，每人每天要消费245 L水（数据来源于2017年意大利统计局）。除了直接喝的纯净水，所谓的“**隐形水**”或“**虚拟水**”，是指在耕作、运输、食品生产和服务中所需要的水资源：奶油豌豆配青豆，蒸土豆配少量谷物和水果，相当于消耗了大约1 450 L水；一个汉堡包配薯条和一杯啤酒，相当于消耗了大约2 660 L水；而一杯咖啡相当于消耗了140 L水［2016年联合国粮食及农业组织（FAO）报告］，就连我们吃饭的时候也在消耗水。**“地球渴了，因为它饿了”**是2012年FAO为世界水日拟定的口号。

世界水日提醒我们：水无处不在，但它不是可以用来浪费的资源，因为虽然水是可再生资源，存在水循环，但是没有什么资源是无穷无尽的。水的储蓄量在数十亿年间几乎没有改变，如果水的抽取速度和污染不会破坏我们的饮用水储备，如果人们都重视保护水资源，那么水仍然是可持续资源。然而根据WHO的估计，在2017年仍有大约7亿人无法获得干净的饮用水。

水分子由一个氧原子和两个氢原子组成，没有这个小分子，就不会有生命存在。我们来到厨房，水再次成为沉默的主角，因为有了水，我们可以为我们的味蕾创造出美味的食物，可以享受生活的乐趣。水是一种烹饪工具，是一种从未列出过的配料，是一种可以调整食物状态的物质。同样，若要了解其特性，还得深入到分子层面。水大部分的特征都取决于这个结构：一种不对称的带电极性分子，具有正负两极。这种特性决定了它与其他分子之间的键合方式，使它成为一种杰出的溶剂，一种通用的溶剂，能够与许多其他的分子（仅限于厨房中会使用的那些分子），从盐到糖都能很好地结合。正因如此，我们几乎很难找到以纯净的形式存在的水。除此之外，水也是一种非常稳定的化合物，要打破其原子之间的化学键需要消耗大量的能量。很长时间以来，人们甚至一直认为水是一种元素，而不是由其他元素组成的化合物——即特定情况下的氢和氧，因为水和氢、氧之间有很大的不同，在某些方面甚至完全相反。在室温下，氢气是易燃易爆气体，而氧气是维持生命的基本气体，同时为燃烧提供了燃料。但是，在室温下，水是液体，既不会爆炸也不促进燃烧。人们一直认为水是不可分割的元素，这种观点一直持续到18世纪的最后几十年，直到安托万-洛朗·德·拉瓦锡（Antoine-Laurent de

Lavoisier）和苏格兰人亨利·卡文迪许（Henry Cavendish）发现了水是氢和氧两种元素组成的化合物。

生产或制作这些东西需要多少水？		
1杯茶 > 35 L	1杯咖啡 > 140 L	1杯葡萄酒 > 120 L
1杯啤酒 > 75 L	1杯橙汁 > 170 L	1杯牛奶 > 200 L
1个苹果 > 70 L	1个鸡蛋 > 135 L	1个橙子 > 50 L
1个土豆 > 25 L	1个西红柿 > 13 L	1片面包 > 40 L
1片面包加奶酪 > 90 L	1包薯条 > 185 L	1个汉堡包 > 2 400 L

➚ 水的重要性（资料来源：FAO）

◉ 烹饪用水

在水分子中，氧原子和两个氢原子排列成“V”形。氧原子带负电荷，因此，它为其他水分子中带正电荷的氢原子所吸引，形成的分子内键称为**氢键**，这是一个相当弱的键，随着水分子的移动，它会不断断裂，然后重新形成链接。氢键的存在解释了水的许多特性，如水吸收和传递热量的能力。低于0℃时，水呈固态，其分子会固定在晶体结构中；随着温度的上升，越来越多的分子开始移动，水汽化后变成蒸气。通常，一种物质的固态结构会比其液态结构更加紧密，但是对于水而言，情况却并非如此，由于氢键的存在，水中的分子会均匀地分布，这样一来，固态分子的间距就会比液态的间距大。我们每个人都经历过这样一件事：如果我们在冰箱冷冻层存放了一瓶水或者用某种容器盛放的肉汤，那么冰的膨胀甚至会撑坏这个瓶子或者容器。

提高水的温度需要大量的能量，因为水的比热容相当高：升高1 kg水的温度所需的能量，是使1 kg铁升高到同样温度所需能量的10倍。这同样是因为水分子之间的氢键，提供的能量必须首先打破这些氢键，分子才能开始移动，从而升高温度，温度升高了，分子运动更激烈。如果将盛满水的铁锅放在火上，锅的温度会比水的温度上升得快得多，而且水冷却所需的时间会更长。由于同样的原因，在温度升高之前，水必须吸收大量的能量和热量，才可能从液态转变为气态。而这种情况就是所谓的**汽化潜热**（“潜”是因为表面上看不出来）。

例如，蒸煮烹饪是利用了水吸收大量能量而不会使温度升高太多的这一能力，可以用于制作糕点，或者在不加盖的锅中煮肉汤，这样烹饪会使肉更加入味。另一方面，蒸煮烹饪非常快速并

且有效（和在烤箱中用相同温度的热空气烤熟食物相比），因为蒸汽在与食物接触时会冷凝，并释放出大量蒸发时所吸收的热量。你可以把手放在100℃的烤箱中并能保持一段时间，但是你不可能把手放在100℃的蒸锅中保持几秒钟而不被烫伤，因为蒸汽传递的热量要大得多。

近年来，我开始使用蒸汽烹饪，并对此十分满意，尤其是对于鱼类和蔬菜类的烹饪。这是一种可以保留食物中大部分营养成分的烹饪方法，因为蒸汽（比液态水的密度低）与食物的接触较少。蒸汽把大量热量传递给食物，其中不仅有蒸汽的动能，还有它们蒸发后的动能。因此，蒸煮会使食品表面的水分迅速达到沸点，并在达到这一温度后，就会恒定在该温度下，直到最后一滴水变成蒸汽为止。我们在蒸煮食物时，当水沸腾后，加大火力，那么我们能得到的唯一结果是获得更多的蒸汽，而不是更快地煮好食物，因为烹饪的速度取决于温度。因此，为了不浪费天然气或电力，建议把火调到最低档。但是，沸点会受大气压的影响，随海拔的变化而变化——海拔3 000 m处水的沸点为90℃；或受到其他添加溶质的影响，比如盐——每添加58 g盐，1 L水的沸点就会升高1℃。我们煮面时放的盐对水沸腾的温度影响非常小。我们看到的起泡现象不过是因为盐粒充当了成核位点的作用，有利于气泡的形成。简单地说，每1 L水加10 g盐就足够了吗？是的，但是我不认为有必要去遵守太多的规章。比如说，我煮意大利面的时候不会加盐，特别是在我有非常美味的调味料的时候。这里又有一个多年来的两难选择，到底加粗盐还是精盐呢？其实是没有区别的，粗盐只是一种口味上的处理。这个独特的习惯是有好处的，对我的日本朋友来说也是如此，而且从古罗马时代开始就在不停重复这个习惯：水必须加盐……*cum grano salis*（拉丁语：加一粒盐，表示持怀疑态度）。

厨房实验室

可以吃的“糖”罐头

你曾连续吃过10茶匙糖吗？这样做的结果是，你会发现自己的血糖升高了。但是如果你能养成阅读食品标签的好习惯，你就会知道一罐饮料（330 mL）中含有30~40 g添加糖（大概就是10茶匙糖的分量）。你还可以试着把等量的糖倒入330 mL水中，这可是挺大的一杯，不过通常没人这么干。但如果是碳酸饮料的话，你或许就能喝完。碳酸饮料中不全是糖，还含有磷酸和二氧化碳等物质，它们的酸度会削弱饮料的甜度。想知道每喝一瓶碳酸饮料就会吃进去多少糖吗？可以试着做做下面这个简单的实验：

需用物品：一罐正常含糖饮料和一罐无糖饮料、一个能装下这两罐饮料的容器、水。

具体步骤：将水倒入容器中，然后把两罐饮料浸入其中。“含糖”的那罐饮料会下沉，而“无糖”的那罐会上浮。这是为什么呢？因为水的密度（质量/体积）约为1 g/cm^3，任何一个比它密度高的物体放在其中都会下沉，反之就会上浮。我们来简单了解一下，“含糖”饮料（包含铝罐和液体）的密度高于水的密度，而“无糖”饮料的密度小于或等于水的密度，因为“无糖”饮料中没有多余的添加糖，虽然添加了非常少量的甜味剂，但不会影响质量，因此也不会影响无糖饮料的密度，所以其密度与水大致相同。

·厨房实验室·

糖玻璃

大约在15世纪，也就是中国的明朝时期，无论是欧洲贵族的盛宴上，还是中国皇帝的宫廷宴会中，皇亲贵族的餐桌上都会摆放精妙绝伦的糖雕作为装饰品，这些糖雕造型各不相同。糖雕艺术诞生于中国，在日本以“糖果（Amezaiku）”的名字传播。糖不只为人们提供味觉上的愉悦，而且还激发出了人们的创造力，甚至在电影中，我们将其用于制作一种替代玻璃的道具。即使到了今天，糕点师傅也会像玻璃工匠一样通过吹制这种方法来加工。玻璃化是指将黏性液体或弹性凝胶转变为玻璃状固体的过程。玻璃是一种呈玻璃态的无定形体，熔解的玻璃经过迅速冷却而成形。你也来试试吧，享受甜蜜的创造！你就是艺术家！

需用物品：果糖粉或麦芽糖、锅、厨房温度计、乳胶手套、硅树脂或大理石工作台、带铜管的泵（用来吹制糖玻璃）、柠檬酸粉、食用色素。

具体步骤：加热果糖粉，使其融化。融化之后，添加你喜欢的食用色素使其变色，再把它倒在工作台上，冷却到50~55℃，这样糖浆会更柔软并且更具延展性。然后，把糖浆捏成任意你喜欢的形状，或者用泵将它吹成糖玻璃泡。虽然麦芽糖的甜度不如果糖，但其热量低，更重要的是，它能够更好地提高玻璃糖的特性。而且，麦芽糖还有一个特性就是吸收的水分较少，结晶较慢，这些特性使得它成为加工糖雕这类产品的理想材料。如果想获得缎面般光滑的效果，把糖浆拉开并折叠几次，这样就能形成被空气柱分隔且部分结晶的细丝结构。或者添加柠檬酸粉来造成可以反射光的细微纹沟，这样能产生相同的效果。

·厨房实验室·

在舞蹈中制作黄油

简单、疯狂、好玩……看起来像舞蹈，其实只是一种在家里制作黄油的动作。搅动是黄油制作过程中的核心环节，现在可以借助一台特殊的离心机来进行剧烈搅动。如果要手工完成这一环节的话，看起来就会像是20世纪60年代的摇摆舞……摇！摇！摇！

需用物品：250 mL新鲜奶油、500 mL容量的塑料瓶、一个玻璃的或金属的弹珠。

具体步骤：将新鲜奶油倒入塑料瓶中，注意需确保奶油中不含稳定剂。将弹珠放入瓶中，然后盖上瓶盖摇动。你可以像厨师一样使用打蛋器来完成，也可以在这一场即兴的舞蹈中尽情玩乐。由于剧烈的摇动，弹珠把奶油里的脂肪细胞全部破坏，使得细胞之间相互分离。几分钟后，你就听不见弹珠的声音了，奶油开始产生越来越大的阻力，直到获得一团固体脂肪为止。去除其中的液体（酪乳）后，加入冷水，继续摇晃以洗涤其中的固体物质，再稍微拍打一下。这样，你的黄油就做好了。它的味道不同于超市售卖的黄油，因为该制作过程中没有细菌发酵这一环节，因而它会更美味。另外，因为其中仍然含有大量的水，所以如果你想长时间保存的话，最好将它保存在冰箱里。

第二章

橱柜里的秘密

鸡蛋

——“还有什么比它更有营养吗？你要一个吗？很新鲜的。”

——“生的？我不吃这个。你考虑过胆固醇吗？”

他敲碎鸡蛋壳，然后剥下蛋壳。

——“鸡蛋里可包含了所有营养！相当于是一只雏鸡的全部营养，怎么会对我有害呢？”

这里不建议大家吃生鸡蛋，所谓的“生鸡蛋能提供更多的营养”都是业余健身爱好者的说法。相反，鸡蛋在烹饪后，可增加吸收至少30%的蛋白质，这是因为热量使蛋白质变性，这样鸡蛋就更容易被人体消化。因此，烹饪后的鸡蛋会更安全、更美味、更有营养。同时，我们在买鸡蛋的时候，首先要注意的就是新鲜度：鸡蛋越新鲜，营养价值就越高，并且它们具有的黏合和乳化特性在烹饪中非常有价值。那么该如何确定鸡蛋的新鲜度呢？我们可以在购买时参考商品包装上的有效期。但是，如果我们没有保留商品包装上的数字信息，或者这些鸡蛋是来自亲友家的鸡舍，那么又该如何检查呢？传统方法就十分管用了：每个鸡蛋里都有一个小气室，而鸡蛋的新鲜度就与该气室的大小有关——气室会随着时间的流逝和鸡蛋内物质的蒸发而变大。气室越大，鸡蛋所占体积的质量就越少，即是说鸡蛋的密度就越低，所以我们把鸡蛋浸入一杯水中，就可以观察到：如果鸡蛋非常新鲜，它会沉在底部；如果鸡蛋已经放了大约一周，它就会垂直立在水杯中；如果鸡蛋非常不新鲜了，它就会浮在水面上。这是为什么呢？因为鸡蛋里的气室在不断变大，鸡蛋的密度就会降低到接近水的密度，这个问题可以用阿基米德原理解释。

鸡蛋虽然普通，但它是生活的象征，是宇宙神话和艺术家不竭灵感的来源。即使是最没有经验的厨师也能轻松处理这种食材，不过，对于我们这些幻想当厨师的人来说，这仍然是一个挑战。

◉ 鸡蛋大解密

鸡蛋内部的成分是由什么构成的呢？简单来说，中间橙黄色的卵黄（即蛋黄）中有大约1/2是水、1/3是脂肪，剩余部分都是蛋白；而蛋白中含有大量的水和10%的蛋白质。一只母鸡在4~6个月的时候，就可以开始产卵了，这是一个相当艰巨的挑战，因为产卵需要消耗一整天的能量的1/4。鸡蛋的外壳是一层薄薄的碳酸钙（$CaCO_3$），其成分与大理石相同，无味，且表面呈颗粒状。外壳里的壳膜是一种半透膜，上面覆盖着成千上万个很小的孔，空气和湿气能从孔穿过，这对于雏鸡的生长是至关重要的。这种膜还可以让气味从外部渗透进来……最好留心放在鸡蛋旁边的东西，以免串味。蛋壳膜能保护鸡蛋内部不受到灰尘和细菌的侵害。在外壳和卵白之间，有两层膜，这两层膜会在形成气室的位置分离。它们是非常坚固的透明薄膜，由角蛋白形成，与我们的头发成分相同，都是蛋白质，它们也是重要的细菌防御屏障。

鸡蛋中的胚胎和其中所含有的营养成分使得鸡蛋成为一道令人垂涎的美味，而为了保护胚胎的生长，防御系统，即卵壳的存在也就显得至关重要。在母鸡体内，卵壳的形成大约需要14 h，受遗传因素的影响，其颜色和深浅会有所区别，但不会影响味

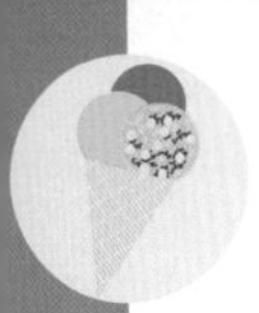

道。意大利里窝那的鸡产下的鸡蛋略白，而意大利帕多瓦或美国罗得岛州的鸡所产的鸡蛋是粉色和棕色的，交趾鸡产的蛋有黄色斑点，智利的一种名为阿劳肯的鸡甚至会产下蓝色的鸡蛋。是不是觉得很神奇？其实这只是反映了鸡的习性问题，而每种鸡蛋内的物质变化其实不大。从卵巢排出成熟卵子到蛋产出体外，大约需要25 h。一旦外部温度迅速下降，鸡蛋内物质的体积就会收缩，鸡蛋外壳的内膜与外膜也将发生分离，形成气室，而这就有助于我们辨别鸡蛋的新鲜度。

蛋白（意大利语为“albume”，来源于拉丁语的“albus”，意为“白色”）是鸡蛋占体积最大的部分。蛋白中有90%是水，其余的10%由4个不同浓度的交替层组成，其中包含了约40种不同的蛋白质、微量矿物质、维生素和0.25 g的葡萄糖。里面所含有的葡萄糖虽然不能使它变甜，但可以为雏鸡提供生长所需的糖。由于其中酶的作用，蛋白还是抵抗病毒和细菌的重要化学屏障。鸡蛋所包含的所有蛋白质中，某些含量更加丰富并且值得注意，特别是对于烹饪的人。例如，卵黏蛋白可以使煎蛋和荷包蛋变得更紧实，但首先要确保的是分散在浓厚蛋白层中的蛋白质都结合在一起形成了层状结构——该结构有助于减缓细菌通过蛋白渗入。卵黏蛋白与伴清蛋白的含量最丰富，其中的含硫基团可以使煮熟的鸡蛋具有味道并成形、着色。而随着时间的流逝，蛋白质会改变耐热性：对于新鲜鸡蛋来说，刚刚超过80℃就能使其变性了；而对于不新鲜的鸡蛋来说，则需要超过90℃。我们也可以用搅拌器做出一系列机械动作使其变性。

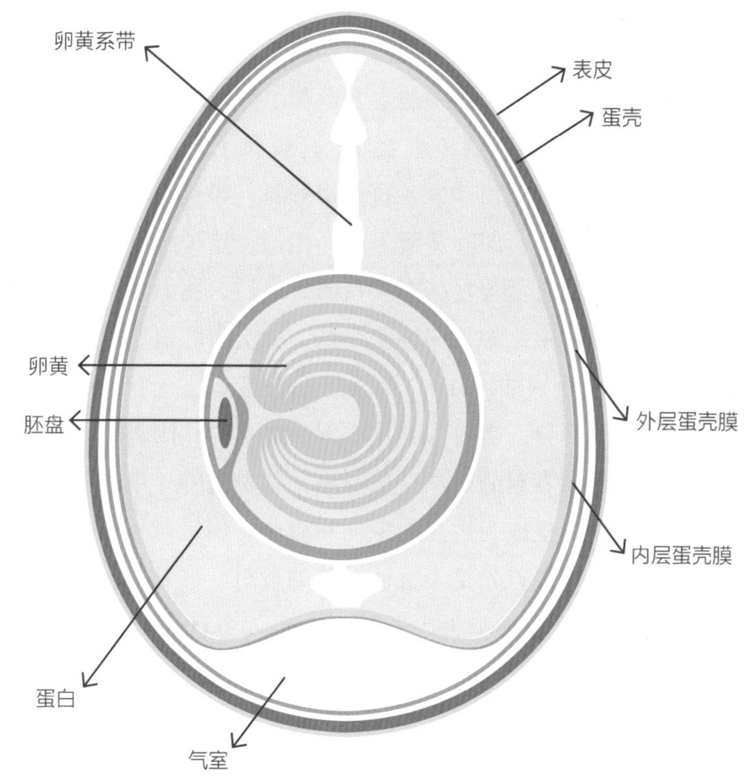

➚ 鸡蛋解剖图

鸡蛋含有的蛋白质还有：卵铁传递蛋白，在61℃时就会发生变性和凝结；卵类黏蛋白，在79℃时发生变性；球蛋白和溶菌酶，有助于蛋白起泡和稳定。需要注意的是，烹饪过程中加入食盐会抑制溶菌酶的作用，如果添加食盐（例如，在许多传统食谱中，制作蛋白夹心饼时会建议添加食盐）蛋白会被破坏，食盐不会帮助蛋白稳定。由于蛋白质的种类是如此的丰富，我们可以根据不同的特性来采取多样化的烹饪方法。

继续深入剖析，我们发现了所谓的**系带**：系带是由蛋白形成

的，它看起来像是缠绕的绳索，使卵黄和胚盘保持在蛋的中心位置。卵黄是蛋的核心，被一层白色的膜（卵黄质膜）所包围，它是雏鸡在21天的孵化过程中的主要营养。卵黄除了提供铁、维生素A、维生素D、磷、钙和脂质外，还提供了大部分热量。它还含有β-胡萝卜素，是维生素A的重要来源。卵黄的颜色是由于其他类胡萝卜素物质（即**叶黄素**）而产生的，这种类胡萝卜素是母鸡从玉米饲料或苜蓿等食品中获得的。最后，我们来看看鸡蛋的细胞核：在卵黄中，如果卵细胞受精，就会有胚盘，胚盘中含有珍贵的脱氧核糖核酸（DNA），肉眼看起来是一个红点，是鸡蛋中最重要的部分，需要为其提供保护和营养，因为胚胎就是从这里开始发育成雏鸡的。从这里开始，就是另外一个故事了，胚胎的存在，让鸡蛋成为生命的象征和载体。但是对于那些热爱烹饪的人来说，鸡蛋首先是丰富而精致的食材，也是很多食谱所需的基本材料，更是必不可少的配料，正如美食家和化学家赫尔维·特斯（Hervé This）所定义的那样，它既普通又非凡，它是我们厨房食品柜王国中不可匹敌的“王子”。

◉ 甜甜的鸡蛋泡沫

80~85℃的温度，是刚好把鸡蛋煮熟且可令其柔软、易食的理想温度，这个温度下的鸡蛋壳完整且易于剥离，蛋黄居于中间位置，口感细腻且无硫化物的味道。如果把鸡蛋从冰箱中取出来，放入水中大概10 min，蛋黄的颜色就会加深，且变得又湿又黏；若是放入水中15 min，蛋黄的颜色则会变浅，且质地干燥，还有细粒出现。煮鸡蛋是一个关于数字、时间和温度的技术活。1998年，一位物理学家发表了一篇关于煮鸡蛋最佳时间的文章，其中包含了各种数学方程式，该文章发表在颇受欢迎的《新科学家》（*New Scientist*）杂志上。计算结果显示，鸡蛋的最佳烹饪时间与蛋壳厚度的平方成正比。使用这些数字和未知数的方程式来解读，就是那些想把厨房科学转变成一门完美且可实验的科学的人的梦想。遗憾的是，厨房灶台上的实际情况与数学方程式并不完全相同。为了证明该课题的有效性，研究者说他想象了一个球形的且质地均匀的鸡蛋，并列出了一系列对计算有用的常数，然而，这种极端的设想只会让它变成一项书呆子的趣味练习。当然，具备一些科学知识是永远没有坏处的，只不过要正确地煮鸡蛋，首先需要的是实际经验，更确切地说，是在厨房里的实际经验，以及一个好的温度计。煮鸡蛋的秘诀就在于温度：仅仅几度的变化就足以进入完全不同的烹饪世界中，因为不同的温度会影响不同的蛋白质的变性。

罗马人吃鸡蛋会选择“Frixa”“Elixa”或者“Hapale”的烹饪方式，即“油炸”“水煮”或者“半熟”。在中世纪，鸡蛋是王室早餐和午餐中必然出现的一道食物。那你们呢？你们又如何烹饪鸡蛋呢？是吃溏心的还是水煮的？任何一种烹饪鸡蛋的方式我都喜欢，但是蛋白酥的魅力胜过了一切。

迈林根（Meiringen）是瑞士伯尔尼高地的一个小镇，亚瑟·柯南·道尔（Arthur Conan Doyle）在这里首次试图将他小说中的主人公夏洛克·福尔摩斯（Sherlock Holmes）杀死。同样还是在这里，根据著名的百科全书《法国美食百科全书》（*Larousse Gastronomique*）记载，蛋白酥大约诞生于1720年，这种甜品的甜味是从蛋白中获得的，是一名厨师为追求公主而创造的。这个故事也许是真的，也许是传说，不过蛋白酥现在仍然存在，制作过程中那简单而丰富的泡沫向我们发起了挑战：蛋白和糖，时间和温度，只要将它们正确组合就能获得完美的甜甜的干性泡沫。

大约在17世纪中叶，随着类似于当今厨房搅拌器等工具的出现，泡沫开始出现在了食谱中。搅拌器施加的机械力可以展开蛋白中的高密度蛋白质，然后在空气和水分子相遇的地方积聚。在搅拌器出现之前，将蛋白打成泡沫状是一项十分艰巨的工作，需要肘部不断用力。或许打完后，你的手臂得酸上一段时间。如今，一切都变得简单了，但是要做好蛋白酥仍不容易。接下来，我会给你们提供一些小贴士，以确保你们在制作过程中万无一失。你们可以选择最适合自己的食谱，以体会烹饪的乐趣。

蛋白酥通常有3种做法可供参考：法国版、瑞士版和意大利版，或许通过对照这3种不同的制作方式，再探讨冷热蛋白酥的区别，我们会有更清晰的认知。制作冷的蛋白酥，需要将蛋白和糖一起搅打，直到打出蓬松发亮的泡沫为止。而制作热的蛋白酥需要采用“水浴”的方法（瑞士版），或者逐渐加入热糖浆（意大利版）。这二者的共同点是基本原料和最后的效果是相同的：打出来的蛋白必须有一定的硬度，并能保持稳定的形状。而在这个过程中，糖和热量起着至关重要的作用。

为了获得泡沫，我们需要让蛋白中的水分子和蛋白质与空气充分结合。当我们搅打蛋白时，卵黏蛋白和卵铁传递蛋白等蛋白质会延展开，它们是具有表面活性剂的分子，因此会与水和空气结合，它们可以让产生的泡沫更加稳定，并形成膨大的网状结构。厨师甚至会建议在铜锅中搅打蛋白，因为铜元素与蛋白质反应产生的化合物能够让泡沫更为稳定。如果没有铜锅，也可以使用钢制容器。在这一阶段，我们首先需确保蛋白中没有卵黄残留，这是十分重要的，并且容器必须清洁干净，因为油脂等分子会干扰泡沫的形成。

制作冷的蛋白酥是最简单的：在蛋白中加入糖时，根据糖的添加量及加入时间的不同，奶油状的蛋白酥会变得更稠，质地也会更硬。越早加糖，蛋白酥的味道就越浓郁。可以尝试将蛋白与糖的比例从1：1调整为1：2。将蛋白打成泡沫状后，加入糖，用抹刀搅拌。糖溶解在蛋白中，并渗透进了已经形成的泡沫壁中，从而增加化合物的质量和内聚力，使泡沫变得柔软而蓬松。如果用糖霜，里面可能含有少量淀粉，可防止由于潮湿而结块，那么所打发后的蛋白将呈细颗粒状；如果用砂糖的话，就会呈粗颗粒状。为了搅打得更顺利，我们也可以添加少许调味奶油，甚至还可以添加一点柠檬酸，这样有助于维持蛋白酥美丽的白色。

当你觉得泡沫已经有了合适的稠度时，可以用搅拌器挑一些起来看看：如果能保持形状，就算打好了。把做好的一团团的蛋白混合物放在烤盘上，放入烤箱中烘烤。温度可以略有不同，我尝试在85℃的烤箱中烤了两三个小时，直到它们变干为止，结果是令人满意的，因为这是使所有蛋白变性的温度。如果温度超过100℃，做出的可能就会是焦糖蛋白酥了。

糕点铺喜欢出售热蛋白酥，也是最常见的用来装饰蛋糕用的蛋白酥。意大利的蛋白酥会将糖加热至115~120℃，然后将糖浆与蛋白一起搅拌，直至泡沫成形，且柔软、呈细颗粒状。获得的泡沫温度通常不会高于60℃，因为糖浆的热量会很快分散。然而，对于瑞士蛋白酥来说，需要用“水浴”的方式来加热蛋白、调味奶油和糖，直到形成细密均匀的蛋白混合物。在打发蛋白之前，要将这团蛋白混合物加热到70℃并保持几分钟——这样做能使更多的蛋白质变性，并且可以使泡沫更加稳定，然后将这团蛋白混合物从炉子中取出来，搅拌至泡沫状，直到冷却，之后将其挤压成一个个薄薄的饼干形状，放入烤箱中烤干。除了文中提到的各个数字和小贴士之外，还需要耐心和专心，有了精心的准备，还要将它们完美结合，这样才能收获美食。

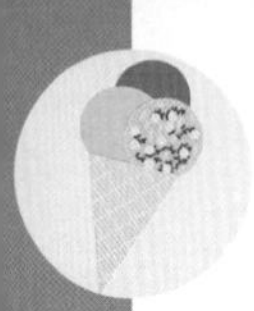

◉ 分子美食的起源和奇迹

围绕着鸡蛋及其分子而出现的发泡、空气法、表面胶化成球，这些都是加泰罗尼亚著名厨师费兰·阿德里亚（Ferran Adrià）发明或改造的一些技术，他被称为“分子美食之父”，而他的绰号“虹吸先生”（Mr. Siphon）就显得没有那么可爱了，这个称呼来自他在制作泡沫的过程中对虹吸原理充满想象力的运用。但最重要的是，阿德里亚是加泰罗尼亚玫瑰小镇上“斗牛犬”餐厅（El Bulli）的赞助人和创意主厨，这家餐厅多年来一直被评选为世界最好的餐厅之一。

从20世纪80年代开始，由阿德里亚引入或改造的技术改变了烹饪，而这些技术通常都是从简单的观察开始，就像做科学实验那样。例如，当阿德里亚在制作胡萝卜汁时，发现离心机会持续冒泡，他就想，如果加一些大豆卵磷脂进去是否能改善这一现象。从观察到实践，经过反复试验和不断失败，他创造了制作泡沫的全新方法，即利用乳化剂来产生像云一样的泡沫。空气法、表面胶化成球和其他分子技术，我们会在接下来的内容中详细说明。所有的这些技术通常都处于“分子美食”这一标签之下。实际上，如果说分子是指构成食物的最小元素的话，那么整个厨房都是分子，整个厨房的存在和运作都要归功于分子结合和转化的物理作用和化学作用。当然，创新美食还得从科学知识开始，并且还需要有分解食物，以及使用创新材料和结构的意识和能力。

然而令人遗憾的是，有时为了给食客带来惊喜，厨师们只专注在了食物的美学上，而忽略了“食”才是首要的，最终导致呈现的是一道淡而无味的菜肴。无论如何，在20世纪80年代末，烹饪方式发生了一些变化是毫无疑问的。在这里，我们要谈的不仅是烹饪，实际上更重要的是**“分子美食”**，这是一项对食物现象和特性的科学研究。分子美食学这一概念起源于1988年，当时的匈牙利物理学家尼古拉斯·库尔蒂（Nicholas Kurti）和法国化学家赫尔维·特斯（Hervé This）以一种有趣的方式提出了分子生物学，他们在一次科学与美食的会议上第一次使用了“分子美食”这个名称。

然而，分子美食学于1990年，在西西里岛埃里斯举行的第一届国际分子美食会议中才正式诞生。库尔蒂和特斯是这样定义的：这是一门为了解和完善烹饪过程的学科，我们的烹饪程序都源于自身习惯或者根据经验总结而来，而这门学科就是对日常操作的一种科学检验，同时也传播日常生活中的科学和技术知识。阿德里亚不太喜欢这些所谓的标签和限制，但是他的工作很快就围绕着这些标签展开了，他有些不耐烦，所以他总是不太愿意谈及这些：“我更愿意谈论创意美食，或者是好玩的和有趣的美食。当然，‘分子美食’这个名称是有意义的，并且是正确的，但要正确理解它的含义。它指的是一种烹饪方法，一种理解食物成分的方法，食材之间的相似之处及烹饪方法都涉及了物理和化学两个领域。”［《费兰·阿德里亚，改变我们饮食方式的人》（*Ferran Adrià. L' uomo Che ha Cambiato il nostro modo di mangiare*）］。还有许多厨师和阿德里亚一起对分子美食做出了宝贵的贡献，比如法国名厨皮埃尔·加涅尔（Pierre Gagnaire）、英国名厨赫斯顿·布鲁门塔尔（Heston Blumenthal），以及意大利名厨埃托尔·博奇亚（Ettore Bocchia）。

但是，对分子美食的批评也有不少：这种烹饪过于浮夸、几乎没有实际物质、不健康、虚假的想象力、大量使用添加剂、不必要的复杂性。实际上，这些都是没有内涵的批评：“研究和思考新的烹饪技术和制作方法，能够让天然的食材，以及优质的原

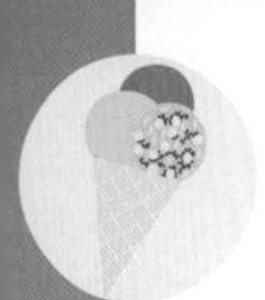

材料发挥更高的价值。意大利的分子美食将通过研究食材的物理和化学特性，并设计新的微观结构，来关注菜肴的营养价值和食客的健康。”由化学家戴维德·卡西（Davide Cassi）和埃托尔·博基亚（Ettore Bocchia）撰写的《意大利分子美食宣言》（*Manifesto italiano per la cucina molecolare*）中写道：“分子美食无疑引起了人们的好奇心，并且充满挑战性，同时它也是对制作精美菜肴提出的宣言。”

想象力和另类的审美，如果有的话，我们接着来谈。

俗话说，“卵磷脂可以搭配所有”，那么如果有了卵磷脂，我们也就能效仿大厨的样子，利用虹吸管将所有食品都转变成泡沫吗？我相信美食和分子这类学问还可以走得更远。如今，它们已经在一些研究和创新领域得到实践，这或多或少直接促进了部分实验室的创立：从纽约的烹饪实验组织到丹麦的北欧美食实验室，从现代主义烹饪实验室到几乎每个地方都开放的大大小小的食品实验室，这是厨师、科学家、艺术家和人文主义者对话的地方，这些实验室都在尽力让我们保持对饮食的好奇、创新及全面了解。撇开技术不谈，仍然能在分子美食中找到某些精神，那这正是我要寻找和发扬的。

·厨房实验室·

“裸露”的鸡蛋

在没有冰箱的时代，我们的祖先发明了不仅可以保存肉、水果和蔬菜，还有保存鸡蛋的方法。其中一种方法要使用醋，但是，如果将一颗完整的鸡蛋浸入白醋中会发生什么？我们会得到一个“裸露”的蛋，即没有壳的蛋，蛋黄和蛋白被一层膜包裹着。这里有一个非常简单的实验，可以在不打碎鸡蛋的情况下去探索它的“内在”。

需用物品：鸡蛋、白醋、玻璃瓶、汤匙。

具体步骤：将白醋加入玻璃瓶中，再把鸡蛋放进去。会看到鸡蛋的周围开始形成许多气泡。24 h后，用勺子轻轻地把鸡蛋舀出来，洗干净，再把它放回装有白醋的瓶子中，然后把瓶子放进冰箱。再过24 h，把鸡蛋取出来并洗干净，这时候的鸡蛋不仅变大了，而且没有外壳，仅保留了一层半透明的膜。这个过程发生了什么呢？醋是水和乙酸（CH_3COOH）的溶液，乙酸破坏了鸡蛋外壳的固体碳酸钙（$CaCO_3$），释放出钙离子（失去电子的原子），钙离子进入溶液形成了乙酸钙，而碳酸根离子形成二氧化碳（CO_2），变成气体挥发了。化学反应公式如下：

$$2CH_3COOH + CaCO_3 = Ca(CH_3COO)_2 + H_2O + CO_2\uparrow$$

醋酸 + 碳酸钙 = 醋酸钙 + 水 + 二氧化碳

鸡蛋的体积与最开始的相比更大了，这是由于鸡蛋内部和外部的液体浓度不同，水通过渗透从低浓度环境流向了高浓度环境，即从鸡蛋的外部流向了内部，从而保持流体静力平衡的状态。如果试着把这颗“裸露”的鸡蛋放入装有糖浆溶液的玻璃杯中，你会发现它瘪掉了，因为糖浆浓度较高，其中包含的水比鸡蛋内部所含的水少，所以鸡蛋内部的水又会流向糖浆，以保持流体平衡。

厨房实验室

“喝醉”的鸡蛋

有没有不加热把鸡蛋煮熟的办法？当然有，只要这颗鸡蛋“喝醉”了。这是分子美食的经典之作，也能够成为你创意烹饪路上的基础。由于制作过程中用到酒精，所以这是一个成年人的食谱，但也可以让孩子们一起参与制作，他们将从中体会到快乐和惊奇。

需用物品：乙醇、鸡蛋、碗。

具体步骤：往碗里打一个鸡蛋，搅拌，然后加入浓度95%的酒精，继续搅拌。一段时间之后，你会看到鸡蛋开始凝固。这不是一个真正的烹饪方法，而是一个蛋白质变性的过程：乙醇扮演着热量的角色，将自身的能量转移到鸡蛋分子上，并使这些分子运动。我们可以将这些分子想象成纱线球，蛋白质通过不断的解旋、缠绕，形成了一个网状结构，该结构能捕获水分子，既柔软又坚实。通过这个方法，你得到的将是一碗带有生鸡蛋味的炒鸡蛋。剩下的步骤只需要小心地除去多余的酒精：用漏勺舀出鸡蛋，用少许凉水冲洗，然后用布压干，再加入盐和胡椒粉调味即可。

面粉

你永远不会忘记在家里做的第一块面包，尤其是如果你童年的梦想是成为一名面包师的话。

这是一种从小学时代就开始产生的热情，正如历史学家普林尼（Plinio）告诉我们的那样，在托斯卡纳，伊特鲁里亚人早在几千年前就种出了非常有价值的小麦，他们用小麦制作了非常细的面粉和美味的面包。

这是一个启示……在我孩童时期，总有一些虽然和我同根源，但又很神秘的人，我那时候认为和他们分享一块面包是了解其生活最好的方式。

我开始学着把面粉撒在祖母的擀面板上，向她学习伊特鲁里亚人制作面包的方法。

从那以后，我再也没有停下。

面包其实是很多食品的代称：包括白面包、全麦面包、口袋面包（或阿拉伯饼）、未经发酵制成的面包、黑麦面包、意式烤饼、大豆面包、软面包、谷物杂粮面包、不带皮长方形面包、葡萄干面包、奶油面包、中国**包子**、**亚美尼亚式**面包……从最简单的未经发酵的面包（仅由水和面粉制成，例如**无酵饼**）到经过了发酵和调味的面包，酵母和面粉之间发生的复杂反应使面包具有了多孔性和柔软性。正是这些再简单不过的成分，组成了形状和口味多样的面包世界。

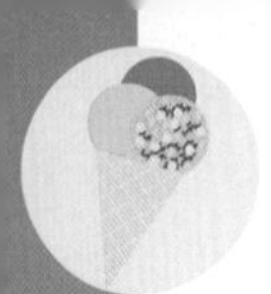

◉ 面团上的双手

面粉是面团的基础成分，做面团最主要的原料就是面粉和水。面粉有不同种类，区别主要在于是由什么谷物磨碎而成，可以如小麦、黑麦、大麦、玉米、大米、燕麦、芸豆、蚕豆、豌豆、大豆、栗子等。把小麦中所有的表皮（麸皮）和胚芽除去，就能提取出传统的白面粉，其主要成分是谷物胚乳中所含的淀粉。如果我们保留完整的谷物表皮（麸皮），磨出的就是全麦面粉，其中富含矿物质和其他营养物质。发酵面团可以使用有机酵母或者含有碳酸氢钠（$NaHCO_3$）及其他物质（例如调味奶油、玉米淀粉或马铃薯淀粉）的发酵粉。小苏打是一种碱性物质，它与发酵粉的酸性部分或面团的酸性部分产生反应，生成二氧化碳气体，从而使面团膨胀。它常被用于发酵那些质地更细腻的面粉，以及用于快速发酵。

酵母是以菌落为单位而存活的微观单细胞真菌，它们利用食物中的糖来获取能量。它的细胞中存在一种酶，能将面粉中的淀粉分解，从而获得葡萄糖。过程中还会产生使面团膨胀的二氧化碳，以及在之后烹饪时会被蒸发掉的少量酒精。酵母大约有160种，其中许多酵母就存在在我们的周围。人类在很早以前就学会了如何利用它们，这是古老的生物技术的代表。在制作面包时我们使用到的是**酿酒酵母**（Saccharomyces Cerevisiae）。它通常呈颗粒状，并以干燥的袋装或是新鲜的小块包装出售。酵母脱水后，达到了生存极限，但是如果把它们放置于热水之中，它们就会“复活”。一旦将它们活化，我们就可以马上将其添加到面团中，因为只有在特定的环境条件下才能产生二氧化碳，如保证面团温度在25℃左右，并且保持其环境的湿度（可以用湿布盖着面团）。

但是制作酸面团（老面），我更喜欢用古老的传统方法来发酵：从最初的面团开始，然后每天替换一部分新的面团，再小心翼翼地保存起来。我很高兴看到越来越多的人像我一样，发现了“有机”的魅力，再加上人们重新开始关注更家常和更健康的烹饪方式，让那些例如基于面团或酵母的古老食谱重新回到了公众的餐桌。这里说的面团指的是面粉、水和糖的混合物，不断搅拌的同时不断醒面，这样能够让面团从环境中吸收游离的酵母菌，这个发酵过程不是人为的选择，而是自发的过程。这样获得的酸面团可以起到酵母的作用，用于制作面包。而且，它也是许多传统食谱的必需成分。

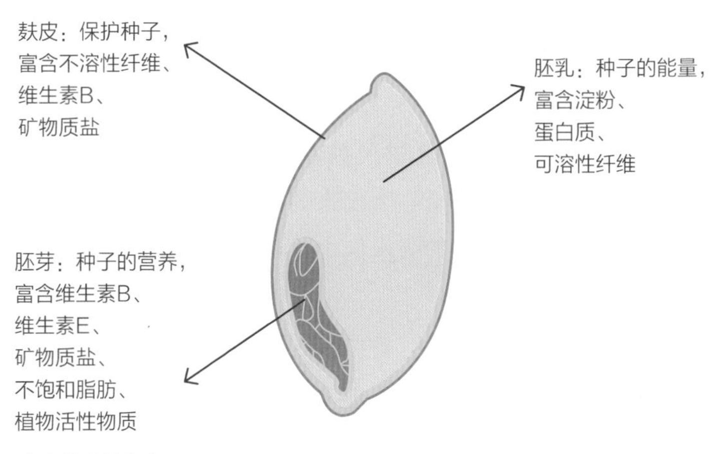

➚ 小麦的解剖图

麦醇溶蛋白和麦谷蛋白是小麦粉中的两种蛋白质，在水和揉捏动作的作用下会结合在一起，从而形成一种新的蛋白质复合物，即**麸质**，它具有弹性的网状结构。在发酵过程中产生的二氧化碳会被麸质保留下来，麸质能阻止气体与蒸煮过程中形成的水蒸气的挥发。面团放进烤箱后，高温就会杀死酵母并阻止面团

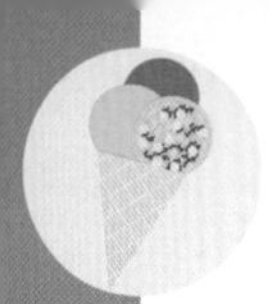

继续发酵。当面团表面温度达100~150℃，就会开始形成焦糖外壳，这样就能得到经典的黄棕色。同时，面团的内部在损失了一部分水分后，淀粉凝胶从半结晶状态变为非结晶状态，与受热量影响而发生变性的麸质蛋白一起，形成了面包的稳定结构。烤箱的温度不能太高，以免在蛋白质网状结构变硬之前，产生的二氧化碳和水蒸气继续使面包膨胀；但是温度也不能太低，否则水就不会蒸发掉。通常，烘烤面包的温度是在200~220℃。

◉ 麦粒和小麦

小麦是**小麦属植物**的统称，分软质小麦和硬质小麦两种，两种小麦虽然结构相似，但具体用途和营养价值各有不同。软质小麦颗粒狭细且饱满，蛋白质含量低，吸水率低，它磨出来的粉就是经典的白面粉，这种面粉易揉成面团，通常用于制作发酵食品，例如面包、蛋糕、比萨饼及鸡蛋面团。而硬质小麦颗粒粗圆，颜色如同琥珀一般，用它磨出来的面粉是硬麦粗面粉，富含蛋白质和麸质，具有很强的吸水能力，揉出来的面团较硬，但延展性差。

人类与小麦之间的关系有着悠久的历史，人类不断挑选并试着改善小麦的品质，以便从中获取更大的利益。大约3万年前，农业还未出现的时候，生活在如今的意大利南部的旧石器时代人类，就开始通过磨碎野生燕麦来获取面粉。如今我们所知的**小麦属植物**一共有十几种，其中一部分被用于食品加工业。

“**克雷索**”（*Creso*）是一种硬质小麦（栽培品种），是意大利于20世纪70年代培育出来的品种。实际上，克雷索小麦的历史要追溯到20世纪60年代后期，那时候的情况与今天大不相同，当时没人谈论所谓的转基因生物（OGM），而核能被视为一种可以敲开未来之门的资源。那时在意大利最重要的实验室之一，位于罗马附近的卡萨恰（Casaccia）核研究中心，一组研究人员将中子辐射和伽马射线使用在一种名为“卡佩利”（Cappelli）的硬质小麦上。这是一项得到国际原子能机构（IAEA）和FAO支持的项目，旨在通过诱发种子基因突变来改善某些农产品。经过了无数次的失败和失望之后，研究人员终于成功地培植出了一种幼苗，这种幼苗具有许多有用的新品质：抗病力强，产量比卡佩利小麦更高，并且植株更加低矮，可以免受风吹雨打。将这种突变苗与其他小麦品种杂交之后，在1974年，研究人员终于培育出了著名的克雷索小麦。在之后的几年内，克雷索小麦就成为硬质小麦之王。如今，虽然这种小麦不再独占鳌头，但制作大部分意大利面食仍是会使用到它。

回顾面粉的历史故事和经济影响得花大篇幅讨论，对此我们暂且不提。不过这里需要说明的是，运用辐射来诱发种子突变并不会使小麦具有放射性，辐射仅会引发一次突变。然而，谣言一次又一次地出现，“阴谋”“辐射中毒”四处流传，就连其他类似品种的小麦在这些流言中也未能幸免，甚至出现了会引发乳糜泻、麸质不耐受等传言。要知道，乳糜泻是遗传性疾病，可以在公元2世纪的希腊文献上找到相关表述。甚至在2009年，意大利一组研究人员在托斯卡纳海岸的某考古遗址的遗骸上发现了最早的一例乳糜泻病例，说明乳糜泻的历史可追溯到公元1世纪。这个发现于2010年刊登在了杂志《临床胃肠病学杂志》（*Journal of Clinical Gastroenterology*）上，这还要多亏于对该遗骸的基因分析。

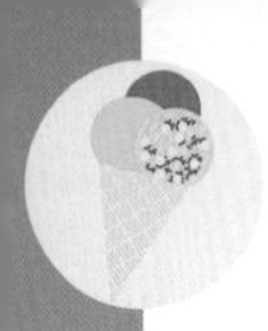

⊙ 美味的面条

用水和面粉不仅可以做出面包，还可以做出另外一种重要的食品，那就是面条。面条是最简单又最受欢迎的食品之一。水和面粉混合后，形成一个黏黏的面团，把它切成一块一块，再捏成各种形状，然后在沸水中煮熟，最后调味，这就是面条的制作过程。面条口感细腻、滑润、浓郁，有多种调味配方，这些都足以说明面条的成功。

意大利面种类很多，如螺旋面、中号斜切通心粉、波纹贝壳状通心粉、通心长形面、长扁形意大利面、贝壳面、蝴蝶面……其他国家也探索了具有各自特色的面食做法。例如，中国盛产软质低蛋白小麦，所以中国的面条细长且薄，还有传统的手工馄饨，再搭配肉汤，清淡又美味。而意大利盛产富含麸质的硬质小麦，所以意大利面含有丰富的蛋白质，干燥后能以多种形式长时间保存。不过，与此同时，新鲜软质小麦做成的面团也在意大利普及开来，主要用于搭配咸味的肉汁，或者制作含馅的面食。

我们今天所了解到的意大利面条历史始于中世纪。**通心粉**一词的首次出现可追溯到13世纪，并且在后来几个世纪的面条大厨们的不断实践下，又发明了新式的面条，比如用干燥硬质小麦做成的面条。由于气候条件影响，意大利的那不勒斯在19世纪成为这些脱水面条的制作中心。硬质小麦富含蛋白质，所以用它制作的面条往往更筋道，而其中麸质的存在可减少烹饪过程中蛋白质和淀粉的损失，最后制作出来的面条就能保持“原汁原味”。然而在北欧，人们主要使用软质小麦和鸡蛋来制作干面条。这种面条不仅颜色漂亮，在烹饪过程中也能保持紧实，并且淀粉颗粒的损失也少。实际上采用这种制作方式，也能够起到硬质小麦中麸质所达到的效果。

从铺开的薄面团上切下形状各异的小面团，或者在高压下将面团从不同形状的模具（即所谓的**抽丝模**）孔中挤出来。挤压过程中，压力和热量会改变面团的结构，破坏其蛋白质网，并让其与淀粉颗粒重新结合。现代的抽丝模是聚氟乙烯制作的，在这种模具中轻轻摩擦，就可以得到光滑且少孔的面；而用传统青铜制的抽丝模会留下细孔和裂纹，在烹饪过程中，水会进入这些细孔和裂纹中，使更多的淀粉溶解，但这样也有好处，比如在调味的时候能更好地入味。

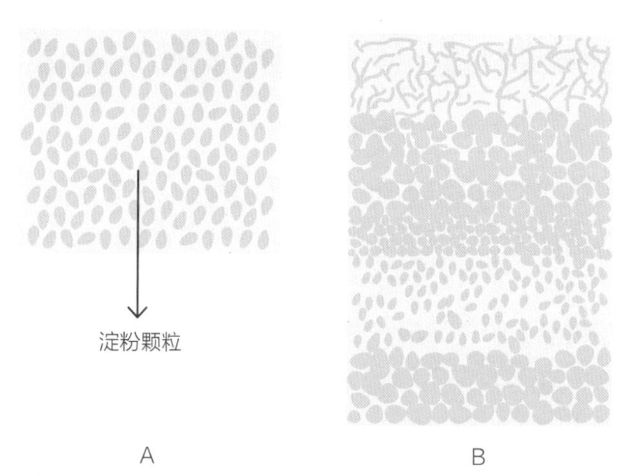

A为生面条：麸质中的淀粉颗粒。B为煮熟的面条：外部的淀粉颗粒吸收水，淀粉膨胀并被溶解。而在面条的中心，只有少部分水渗入，其中的淀粉和麸质更加结实。

烹饪应在大量沸水中进行，以使得面条吸收水分后其重量增至原本的2倍，并使面条中分离出来的淀粉能很好地被溶解在水中，这样可以让面条在煮的时候彼此分离，不会粘在一起。面条中的淀粉颗粒和蛋白质网状结构受热膨胀，直到最外层的蛋白质网被撕裂，溶解的淀粉就进入了水中，而淀粉颗粒和蛋白质则

位于面条更深处的内部，几乎没有变化。想煮出有嚼劲的意大利面，就要在意大利面还未完全煮熟的时候关火。把水沥干后，为了防止淀粉胶化后所有面条粘在一起，需要让面保持湿润，并且不断搅拌。煮这种有嚼劲的意大利面还有一个小窍门：通常情况下，水（尤其是自来水）是“硬”的，其中富含盐分，呈碱性，所以我们可以尝试加入几滴柠檬汁来降低水的酸碱度。这样一来，在煮面的过程中就能降低淀粉的流失，从而降低意大利面的黏性。

·厨房实验室·

家常麸质小球

你是绝对素食主义者吗？或者说你是一个素食主义者吗？

你可以以烹饪麸质食物为借口，为自己准备一道美味的麸质“牛排”，请不要拒绝含麸质的食物！

需用物品：全麦面粉、白面粉、硬质小麦粉、卡姆小麦粉、水、玻璃容器。

具体步骤：为每种类型的面粉准备一个玻璃容器，每种类型的面粉取均等的量，加水（1/2~3/4杯）后揉捏，直到捏成质地均匀而柔软的面团。醒面大概10 min，这个时候在每个生面团上淋冷水，注意不要让面团裂开了，一边淋水一边挤压、揉捏面团，使得面团中的淀粉和其他物质随着水流走，你会发现流下的水呈乳白色。慢慢地，面团变得越来越小，最后剩下的就是麸质了，也就是面团中不溶于水的那部分。接下来，把最后剩下来的麸质小球放置在烤箱中，温度调到230℃，烘烤15~30 min。取出来后，你会发现烘烤产生的蒸汽不仅让小球膨胀了，还让它变硬了，就和烤面包的效果一样。在烹调这些麸质小球之前，你还可以把它们压碎，然后用酱油、生姜或大蒜调味。最后试着品尝一下，让你想起了什么？这其实就是面筋，并且由于麸质质地紧实，蛋白质含量高，常被素食主义者用作肉类替代品。

·厨房实验室·

液体不流动？这是个问题。

从番茄酱到芝麻酱，从巧克力到淀粉悬浮液，从土耳其咖啡渣到浓缩乳液，它们有什么共同点呢？它们都属于非牛顿流体。也就是说，如果在一池按特定配比的水和淀粉混合溶液上行走，你不会弄湿自己。

需用物品：125 g玉米淀粉、碗、120 mL水、托盘、杯子、汤匙。

具体步骤：将玉米淀粉倒入碗中，慢慢加水，用手揉直到形成均匀的混合物。你得到的其实是一种悬浮液，也就是说，在这碗水中分散着不溶性粉末。现在，你可以通过一些操作来弄清楚该物质的状态——它到底是固体还是液体呢？这被称为**非牛顿流体**，这种流体的状态与那些被称为牛顿流体（比如油或水）的状态有很大不同。对于牛顿流体来说，其滑动阻力（即黏度）是恒定的，并且与速度无关。但是，你如果用勺子搅拌我们刚刚和好的这碗悬浮液的话，你会发现它的状态是会随着搅拌速度的变化而变化的：如果搅拌的速度慢，还能搅得动；但是如果速度太快，你就只能直接拖动整个容器。你还可以把它放到手里，捏出各种造型。你会发现，这种类似于半固体状的糊状物，一旦对其施加的压力停止了，它就会变为液体，从你的手中溜走。通常来

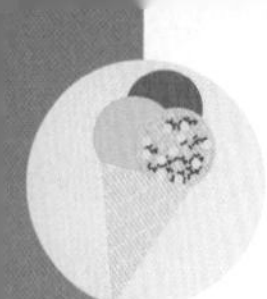

说，人们称这样的非牛顿流体为**"膨胀性流体"**。你越对它用力，它越不流动。这是为什么呢？当你往水中加入淀粉时，淀粉颗粒由于不溶于水，便会悬浮在水中，水就会变得混浊，但一段时间过后，淀粉颗粒沉淀在底部，水又变得清澈起来。如果加入更多的淀粉进去，悬浮液会变得非常浓，在这种情况下，悬浮颗粒之间的平均距离小于这些颗粒本身的大小，而在这样的条件下，淀粉颗粒就会在液体中相互碰撞，其移动便会受到阻碍。对于膨胀性流体来说，如果其受到的作用力不大，其中的颗粒便会和液体一起流动，但是如果受到的作用力过大，其中的水就会被挤出来，而颗粒会被挤压成硬块。感到好奇吗？你可以在装着水和淀粉的混合溶液的水池上奔跑、跳跃，而不沉入池底，但是你一旦停下来，就会陷下去。我们在厨房中也使用到了很多非牛顿流体，其中某些流体的性状与淀粉不同，比如番茄酱，当搅动速度较低时，阻力反而会增加。

巧克力——神圣的美食

——“我绝不会这样吃。”

那位女士叹了一口气，翻了翻报纸。

——“您知道您在说什么吗？白巧克力和鱼子酱可是完美的搭配。”

对于厨师来说……对此只会感到无比惊讶！

我来自瑞士沃州的沃韦，在洛桑附近。

雀巢公司就是在我家乡诞生的，所以我知道巧克力该如何搭配。

她又读了一会儿报纸，再看看我，对我的看法感到好奇。

她从包里拿出一块巧克力，放在嘴里。

火车出发了。

这位女士似乎突然间与世界和解了，很明显是巧克力里的内啡肽起作用了，精致的巧克力在她的嘴里融化。

——“赫斯顿·布鲁门塔尔（Heston Blumenthal）！你知道他吗？就是他发现了这一绝妙搭配。不知道伟大的阿图西（意大利现代烹饪之父）会怎么评价呢？”

这个名字让我想起了前段时间我在佩莱格里诺·阿图西（Pellegrino Artusi）的《厨房中的科学》（*Scienza in Cucina*）（1891）中读过的一篇食谱，我带着一丝不悦回答道：“也许他会在可可粉的基础上搭配野猪肉或者猪腰子吧。您喜欢这样的搭配吗？”

那位女士笑了，她接下来说的话一下击中了我，她说：“亲爱的先生，可可粉和巧克力可不是一回事哦。”

炖野猪肉配可可酱汁是托斯卡纳海岸的一道美食，苦苦的可可粉搭配甜甜的松子和葡萄干，带有一丝地中海灌木林的特殊香气。这是一道既丰富又精致的菜，早在16世纪的文艺复兴时期，就出现在人们的餐桌上了。有很多菜都是以可可粉为基础的，从传统的菜肴——如墨西哥的巧克力肉酱（Mole Pueblano），这是以鸡肉和可可粉或黑巧克力为基础烹饪，再到知名美食家基于可可粉的最新美食研究。除了一些出名的大厨和美食家之外，越来越多的厨师开始大胆地将巧克力或可可粉与其他食材进行组合搭配。可可粉是一种常见的百搭食材：可以和香草、榛子、辣椒、浆果组合，还可以和开心果、盐和芥末、奶酪（尤其是甜味的奶酪）、蔬菜一起搭配，而且还能和很多种类的肉一起搭配。当你消除了最初的怀疑，并且摆脱了某些烹饪成见之后，那么你将会发现很多的新风味。

接下来我们会继续探讨奇怪的美食及食材搭配，尽管我尝试过的唯一一道以可可粉为基础的菜是小叶菜沙拉配培根、奶酪和无花果，再撒上一些黑巧克力。如果你也有兴趣，不妨试试，这道菜是一位可爱的沃韦厨师创造的。

◉ 巧克力工厂

“威利·旺卡（Willy Wonka）从来都没有来过这里。”我想每家巧克力工厂外都应挂上这样的标语。无论是看了《查理和巧克力工厂》这部电影，还是读了罗尔德·达尔（Roald Dahl）的原著，我们的脑海中都存在着对巧克力工厂的憧憬和想象。在参观了一家现代巧克力工厂后，我虽然感到有些失望，但也得承认，它还是有一些魅力的。

说到巧克力的历史，我们习惯于从公元前1500—1000年的墨西哥海岸说起。当时，住在那里的奥尔梅克人已经开始种植可可树了。可可树是一种常绿乔木，高可达10 m，需要生长在平均温度20℃的地区。后来，阿兹台克人突现灵感，从可可豆中提取了一种名为“苦水”（Xocoatl）的饮料，当时的人们认为这种饮料具有奇效，具有刺激性，能够唤醒欲望。一般在宗教仪式及国王和战士的宴会中会提供这种饮料。

克里斯托弗·哥伦布（Christopher Columbus）在1502年登陆尼加拉瓜海岸，他可能是最早品尝到可可的欧洲人。接下来的几十年中，由于欧洲传教士的活动及西班牙人埃尔南·科尔特斯（Hernán Cortés）率领军队入侵墨西哥，可可粉和可可豆提取物制作出来的饮料传到了欧洲，但是直到1753年，博物学家卡尔·林奈（Carlos Linreo）才用拉丁语给这种可可豆中提取的饮料命名为“Theobroma cacao”（意为“神的营养品”）。论及可可的起源和功效，还有比这更合适的名称吗？植物学家吉罗拉莫·本佐尼（Girolamo Benzoni）在《1572年的新世界历史》（*Historia of the New World of 1572*）一书中，提到了阿兹台克人的这种饮料，他说：“这更像是给猪喝的饮料。”毫无疑问，这并不是一个好的开始！

因为奴隶制及可可种植园在美洲、非洲和亚洲的日渐兴起，让可可豆得以充足供应，使可可豆在欧洲也变得越来越重要。可可饮料在1828年迎来了转折点，成为一种受到大众喜爱的产品。当时，荷兰人卡斯帕鲁斯·范·侯登（Casparus J. van Houten）设计出了一种提取可可脂的方法，一种新产品——可可粉就此诞生，相较于传统的可可酱，可可粉更易溶，也更易消化。这是新时代的开端，一场消费革命就此到来。受到侯登的启发，瑞士人鲁道夫·林特（Rudolf Lindt）在1875年生产出了第一根巧克力棒，也创造了一种新的巧克力精制方法，也就是所谓的精炼。不

久之后，另一个瑞士人丹尼尔·皮特（Daniel Peter）用内斯特先生（雀巢公司创办人）当时刚发明出的奶粉，生产出了第一批牛奶巧克力。正是由于这些重要的成果，瑞士才得以成为巧克力大国。这种神奇而古老的饮料成为一种流行的且可盈利的产品。如今，以可可豆为基础的食品种类繁多。在品鉴会和节庆活动中，可可豆就像葡萄酒一样，身边围满了欣赏者和鉴赏家：有的人在寻找原始阿兹台克神圣的可可豆，而有的人在厌恶它的同时，却又贪婪地品尝着。

但是，可可树上的果实是如何变成巧克力的呢？每年会采摘2次可可豆，然后提取出它的种子，种子是苦的，外观就像一个被糖浆包裹着的大杏仁。接着是加工，第一步是发酵种子，具体发酵时间要取决于可可豆的种类、数量，以及加工技术和气候条件。种子在这个阶段会失去活性，它们从果肉中分离出来后，就有淡淡的可可豆特有的香气散发出来。下一步是在阳光下将其晒干，这一步最多能减少6%~8%的水分。接下来是将晒干的种子压碎，这样就获得了可可豆。接着是烘烤，在这一阶段可可豆会散发浓烈香气。

我们从可可豆中获得了可用于后续加工的3种基本原料：可可饼、可可脂、可可粉。可可脂是可可豆中珍贵的油脂，含量为50%~55%。可可脂存在于可可内部的蛋白质和碳水化合物的刚性结构的囊中，将可可研磨，该囊就会破裂。在热和压力的作用下，可可脂就从种子中挤出来了，然后再过滤和提纯，可可脂的提取就完成了。可可脂的稠度类似于食用黄油，而研磨剩下的物质是可可饼，将可可饼进一步研磨和筛选，就可以提取出可可粉。

获得这些原料后，巧克力的真正制备工作才刚刚开始。制作巧克力的第一个步骤是混合、精炼。在这一步中，要将可可脂、糖和香草添加到可可饼中，接着加入乳化剂，如卵磷脂（能结合油脂和液体，形成柔软细腻的混合物），如果要做牛奶味巧克力的话还得加入牛奶。欧洲对各种巧克力有着非常精确的准则，例如，对于黑巧克力而言，至少需要含43%的可可固形物和28%的可可脂。而在精炼阶段，除了混合所有成分外，还要继续研磨，直到所有颗粒的大小均为1~2 mm，小于咀嚼敏感性的阈值。将混合物在40~80℃的温度下搅拌18~70 h。之后，将巧克力放入温度为50℃的容器中。在完成最终的转换之前，还有一个加工步骤是回火，也就是把巧克力冷却到27~28℃，然后再恢复到31℃。最后几度的变化对可可脂晶体成型来说非常重要，它能让巧克力具有漂亮闪亮的外观，同时也能在嘴里融化。

⊙ 巧克力中的化学

《阿甘正传》（*Forrest Gump*）里有一句经典的台词——“生活就像一盒巧克力”。你吃着巧克力，无论是都灵榛子软巧克力，还是樱桃酒心巧克力，或是独特的**莫扎特巧克力**，都能让你在感觉到快乐的同时获得能量。平均每100 g黑巧克力能提供约2.09 kJ的热量，而100 g牛奶巧克力能提供约2.30 kJ的热量。巧克力中的大部分脂肪具有积极的代谢作用：这些脂肪主要是不饱和脂肪，含有极少量的胆固醇、少许蛋白质，但富含镁，且含铁量比红肉多。所有巧克力都含有矿物质，例如磷、钾、钙及维生素A、维生素B_1、维生素B_2、维生素B_6、叶酸，具有抗氧化功能的多酚，还有淀粉和糖。简而言之，巧克力是一种富含营养的混合物，其中还包括可可碱、咖啡因和苯乙胺等生物活性物质，以及能抗抑郁的、振奋神经的、舒张血管的物质，能够增加注意力，改善认知功能和情绪。其中还含有一些物质，例如苯乙胺，类似于苯丙胺，从相同的方式发挥其功效，它们勾起了人们对巧克力

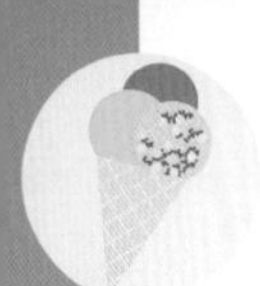

的欲望。

更进一步，从微观层面来看，我们发现巧克力在结构上其实是由分散在可可脂当中的极细的固态糖和可可颗粒组成的一种悬浮液。众所周知，糖溶于水而不溶于脂肪，所以制作巧克力需要一种乳化剂，例如大豆卵磷脂——一种可以覆盖在糖颗粒上的物质，能帮助糖与可可脂混合，就像蛋黄酱中的油和醋一样。在固体状态下，巧克力棒是由可可脂的小晶体和糖组成，是一种相当复杂的网状结构，这种结构决定了我们在吃每块巧克力时的感受。从一块融化的巧克力中，我们可以再次得到许多不同形态的巧克力，因为巧克力的形态取决于可可脂和糖的排列方式，以及可可脂的晶体状态，而晶体状态又由制作时冷却的时间来决定。

1966年，美国化学家卢顿（Lutton）和维勒（Wille）在《美国油脂化学家协会杂志》（*Journal of the American Oil Chemists Society*）上发表了一篇有关可可脂多晶特性的文章，其中描述了可可脂的6种结晶形式，基于不同的熔化温度，用罗马数字Ⅰ至Ⅵ一一表示。通常，**巧克力大师**偏爱五号晶体形式（Ⅴ），这样的晶体形式需在约34℃的温度下熔化，而人的口腔内的温度正好与此差不多，所以这样的巧克力能够很好地在我们口中融化。此外，这种晶体形式还使巧克力具有光泽，也就是无论是视觉还是味觉上，它都能给人以愉悦。但是这种晶体形式不稳定，有转变为六号晶体形式（Ⅵ）的趋势，虽然六号晶体的结构更稳定，但品质不佳。每个人都曾见过这样的事：把巧克力放在食品橱柜里好几个月后，它会发白，味道也大不如前，把它融化淋在蛋糕上，当它固化后，不协调的可可脂晶体在巧克力表面略呈白色，失去了光泽，看起来就没有那么美味了。其实五号晶体结构也是可以保持稳定的，只需要简单地回火即可。在这种情况下，即使是最小的温度变化，也能对其产生影响。

◉ 微波炉和融化的巧克力

多年来，微波炉那金属结构的“方盒子”一直处于神秘和被怀疑之中。我的母亲是一直信任我的，事实上，我已经学会用它来快速融化和加热食品了。首先，微波炉不是一个烤箱！不要要求它做它不能做的事情！而且，其实只需要稍微了解一下微波炉的使用说明，就知道它是如何运作的。

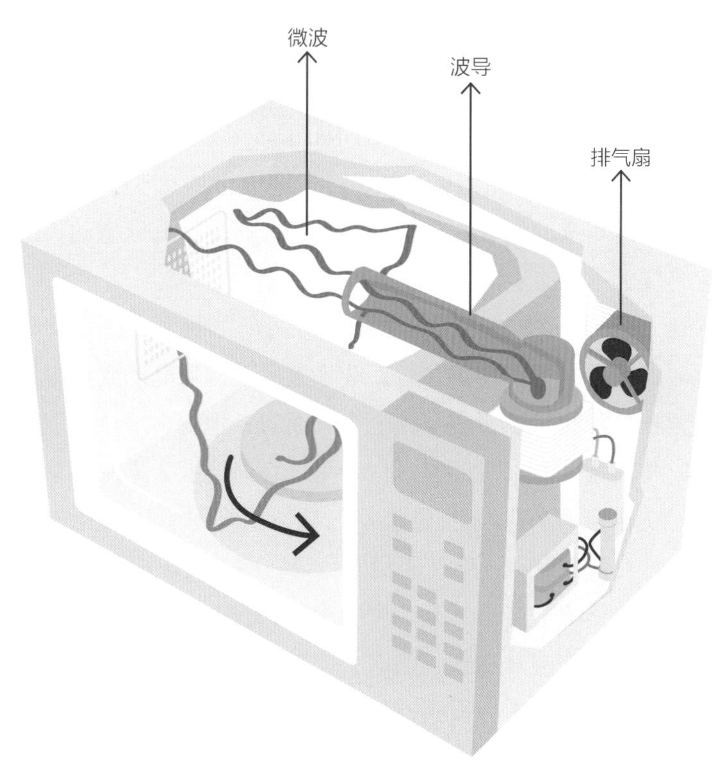

➚ 微波炉

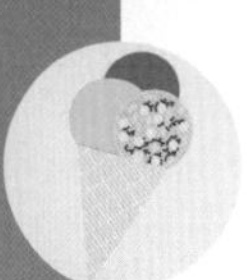

微波的发明完全是个偶然。珀西·勒巴伦·斯宾塞（Percy Lebaron Spencer）是一位自学成才的发明家，他对电路和电子管有着极高的热情，1945年，他在美国一家大型国防公司的实验室里研究一种能够产生高频波的磁电子管，即磁控管，这是雷达系统的一个基本组件。斯宾塞的任务是将磁控管转变为成本低且易于生产的产品，这点在战争时期是必须的。但是，他在一次测试中，发生了一件令他难以置信的事情：斯宾塞发现他口袋里的巧克力棒融化了。灵光乍现！出于好奇，他抓了一把玉米粒，放在通电的磁控管前，那些玉米粒竟开始噼啪作响，变成了爆米花。意识到了磁控管的这一能力后，斯宾塞开始研究使用磁控管烹饪食物，并于同年10月8日申请了一项“食品加工方法”的专利。1947年，第一台微波炉“雷达炉（Radarange）”开始销售，这个“庞然大物”长达2 m，重达340 kg，售价为3 000美元，因为造价过高，斯宾塞的创意在商业上失败了。光是拥有创意的灵感和一流的技术还不能在市场上取得成功。

到了1967年，由于磁控管的体积更小，价格便宜了，微波炉才渐渐走进了家庭。20年之后，几乎所有美国家庭的厨房里都有一台微波炉。而对于斯宾塞先生个人而言，他去世后该发明才取得了成功，这是令人叹惋的。1999年，在斯宾塞去世30年后，他入选了美国国家发明家名人堂，入选原因是他于1941年取得的“高效磁控管”专利，而并非我们所以为的微波炉这一发明。

这一神秘的电器是怎么工作的呢？其实是通过磁控管产生的微波来加热食物中的水分，就这么简单。与此同时，油脂分子也被加热了，但温度不会很高，而富含糖和盐的食物就能很好地吸收微波，从而迅速变热。水分虽然被加热了，但温度没有超过水的沸点100℃。正因如此，微波炉可以当锅炉使用，“煮熟”蔬菜等富含水分的食物。水分子吸收磁控管发出的高频电磁辐射，波动的辐射能使水分子振动（以2.4 Hz或240亿次/s的频率振荡），分子之间的摩擦会使温度升高，从而能很快加热食物。加热后的食物，不含有也不会释放任何类型的危险辐射。对于使用此类产品而产生的某些困惑和恐惧可能源自对某些术语的歧义，比如“**电磁辐射**”，但是别忘了灯光、无线电波或热（红外辐射）都是电磁辐射。微波的频率比光低，它不会被物体的表面吸收，而是会通过深度加热渗透到内部，这与加热表面后再通过接触扩散的红外辐射不同。

当我知道该如何使用微波炉时，它就成了我们家最有用的厨房工具。我知道为什么不能将金属容器放在其中，因为金属会反射微波，从而无法烹饪食物；玻璃或陶瓷容器是很好的选择，它们既不会反射微波，容器自身也不会过快加热，能较好地用来烹饪食物。我知道在加热土豆之前需要在土豆皮上刺几个孔，不然其中形成的蒸汽会加大土豆内部的压力，导致爆炸。同理，我还知道微波炉不是煮鸡蛋的好选择，但它能很好地加热蔬菜，所以用它烹饪出来的蔬菜就和蒸煮的一样，富含营养，吃起来香脆。

以上的内容是想解除大家对微波炉可能存在风险的疑虑。我们使用的微波炉，其发出的微波被很好地屏蔽了。这是因为微波炉内部的金属外壳，可以反射微波炉中的微波，因此大部分微波不会跑到微波炉外面去，还有微波炉门上金属网的作用：金属网的网孔比微波炉的波长窄。距离微波炉5 cm远处，微波的分散度非常小，仅为手机的一半，但是区别在于手机始终与我们的身体相接触。此外，关闭微波炉后，辐射便立刻停止，就像我们夜晚一关灯，房间就会立刻陷入黑暗一样。

使用微波炉最大的危险是被灼伤，特别是使用微波炉烧开水时一定要格外小心。如果杯子完全光滑，所盛的水不含杂质，水过热的时候不会形成气泡，同时积聚的热量也无法释放出来，水显然是静止的，但是小小的干扰、震动、甚至一颗方糖的作用，就足以使它突然沸腾，冒出气泡，从而导致灼伤。为避免这些情况的发生，在给水加热时可以在水中放一根木筷子或者一个木勺子，这样随着水的加热，气泡会一个接着一个形成。

但是，当我们解冻食物时又会发生什么呢？微波炉加热食物是通过食物内水分子的运动来实现的：水分子之间挨得越近，摩擦力就越大，加热效果就越好。而对于水蒸气之类的气体来说，分子之间距离很远，所以气体分子之间没有很大的摩擦力，因此，微波炉内的气体永远不会变热。由于固体的密度高，并且分子之间挨得非常紧密，所以冰会迅速升温；然而，冰的晶体结构将分子固定在了它们各自的位置上，从而阻止了分子的振动，因此，微波炉在执行“解冻”功能时，微波是以脉冲形式发射的：首先加热冰最外层的水，然后暂停一会儿，使与之接触的冰液化，形成更多的水，然后再加热，依此类推，直到所有的冰全部融化。

·厨房实验室·

微波炉里的实验

如何用微波炉来烹饪呢？如果没有里面的转盘，我们的烹饪将会一言难尽。为什么这样说呢？让我们从“微波”的定义开始。想想把一块石头扔进池塘里，形成了一连串涟漪。当我们谈论起微波或电磁辐射时，你的脑海中一定会浮现出类似的画面。从物理学角度来看，波是能量传播的一种形式。电磁波在物质和真空中传播，从而干扰电场和磁场。从蓝牙、手机、Wi-Fi（无线网）或者微波炉里发出的光、无线电波和微波都属于电磁波，它们以不同振荡频率的光速传播。

但是，微波炉的微波具有特殊性：这种微波是固定波，也就是不传播的波，它不会把能量从一个点传输到另一个点。这种微波更像是振动的吉他弦，在两个固定的结头之间振动。

因此，有一些区域的能量很大，在这些区域上能更好地加热食物；还有一些区域没有能量，在这些区域上无法加热食物。正因如此，我们才要使用转盘。我们可以做一个小实验，来纪念那些在科学史上不为人所知的大人物，比如奥拉夫·罗默（Olaf Roemer）、海普特·菲索（Hyppolite Fizeau）和莱昂·福柯（Leon Foucault），他们诞生于17~19世纪，他们用自己制作的极其巧妙的系统测量了光速。本着同样的精神，我们也可尝试在我们的小型家庭“实验室”中使用微波源和少许巧克力来测量光速。

需用物品：微波炉、盘子、尺子、巧克力棒。

具体步骤：把微波炉里的转盘取出来，把自己准备的盘子倒置安装在微波炉里的滚轮上，然后在盘子中间放上巧克力棒。打开微波炉，加热，直到巧克力表面的某些点（热点）开始融化（约需20 s）为止，在这些点上，振动和振动产生的能量是最大的。取出巧克力，我们能看到上面有一些融化的点，试着测量上面任意两个相近的熔化点之间的距离。再取另外的巧克力棒，重复同样的步骤，以获得平均值。家用微波炉的频率通常为2.45 GHz——这意味着在1 s内，微波振动了24.5亿次，这便是波的频率。从下图（用巧克力棒测量光速）可以看到，波长是两个波峰之间的距离，只需将两个热点之间的距离乘以2，便能得到波长。由于微波属于电磁辐射，所以它们是以光速传播的。要测量光速的振荡频率和波长，需用到公式：光速=频率×波长。计算时，将测量得到的数字代入这个公式即可。如果你测量

两个热点之间的距离是以“cm”为单位的话，那么光速也要以“cm/s”为单位，把你得到的数字乘100即可换算出以“m/s”为单位的数值。最后，你将得到一个非常接近常数c的数字，即光速（c = 299.792.458 m/s）。

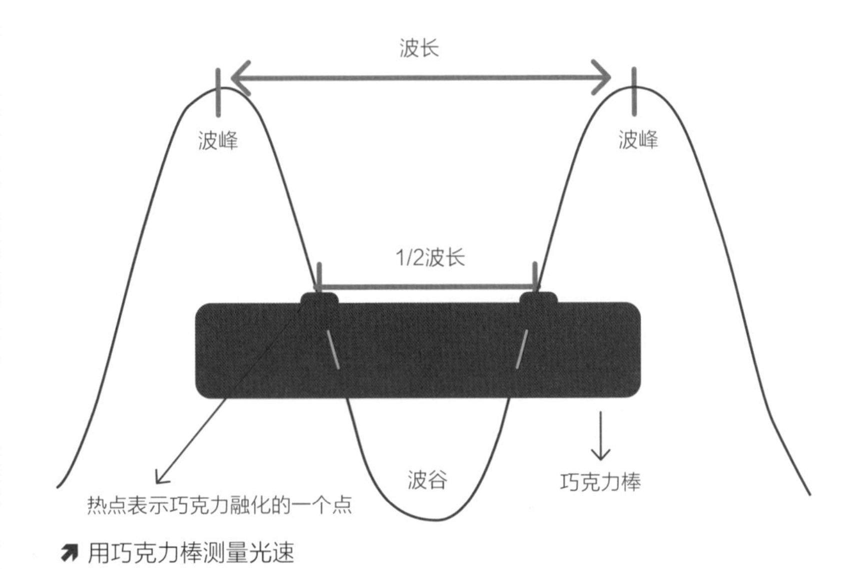

用巧克力棒测量光速

·厨房实验室·

空气巧克力

空气巧克力是分子美食之父赫尔维·特斯（Hervé This）创造出的一个既简单又美味的杰作。空气巧克力诞生于1995年，也被称为“巧克力奶油泡芙”（Chocolate Chantilly），它是我们能想到的最简单的一种巧克力慕斯（一种甜点）了——只需要融化的巧克力和水即可做成。但是，如何在没有奶油或鸡蛋的情况下制作慕斯呢？难道在融化的巧克力中添加水？不会破坏口感影响成果吗？特斯告诉我们，凭借巧克力中所含的脂肪和卵磷脂就足以做出一份完美慕斯。

需用物品：200 g可可脂含量70%的优质巧克力（需含有大豆卵磷脂乳化剂，可通过查看标签了解）、约225 mL水、卡马格海盐（选用，在特斯的原始配方中有用到）、一个装有冰块和冷水的大碗、一个小金属碗。

具体步骤：把巧克力切碎，放入平底锅，开小火将其融化。边加热边搅拌，避免糊锅。待到巧克力全部融化之后关火，然后加水继续搅拌。如果融化的巧克力无法吸收水分，可以开小火搅拌，直到获得热的、光滑的、奶油状的巧克力。把巧克力倒入准备好的小金属碗中，再将这个小金属碗放入大碗中，大碗内有2/3的空间用冰块填满。待巧克力冷却后，再用搅拌器搅拌，以吸收尽可能多的空气。搅拌至适当的稠度就可以了，而继续搅拌可能会形成颗粒。慕斯打发好之后，可以放入几颗卡马格海盐，或者把慕斯放入冰箱进行储存，以备之后用作食品装饰。调味的话，你还可以倒入一些巧克力利口酒，比如柑曼怡酒（Grand Marnier）、查尔特勒酒（Chartreuse）或者其他调味品，要注意的是，加多少调味品，就要先倒掉等量的水。

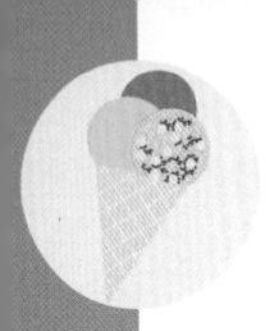

水果和蔬菜

“现在才二月初，就已经有甜瓜了？胡萝卜竟然还有紫色的？以前可只有橙色的。西红柿？家里还有多少？”

我的爷爷逛超市的时候，就像一个孩子在逛糖果屋一样。

他挑选蔬菜和水果的时候，东瞅瞅西看看，有时候摸摸，有时候闻闻，时而摇摇头，时而点点头，称好了重量就放进购物车。

我的爷爷曾经是一个农夫，他爱自己种菜吃，直到有一天，有人把他带进了超市，他才终于放下了执念。超市里卖的都是最新鲜的水果和蔬菜。

走进超市的蔬果区，就像开始了一次超时空旅行。在菜篮里、货架上，所有蔬果都成熟了，没有季节之分。我想只有那些极度害羞的瓜果才不会在2月露头吧。我在超市里会花一半的时间在蔬果区，但是你知道蔬果区里的蔬菜和水果有什么区别吗？区别难道仅仅在于这部分是水果，那部分是蔬菜吗？总的来说，我们对此好像有一种明确的概念，但不知其根源，这其实涉及文化上的划分。

16世纪初，植物学家把水果定义为“从花的子房里发育出来并包裹着种子的器官”。根据这个定义，青豆、黄瓜、茄子、西红柿都应归类为水果而不是蔬菜。我们还可以认为，蔬菜既不是植物的果实，也不是植物的种子。在我们现在看来，水果和蔬菜的主要区别就在于，水果可以被生食，它们是自然界中纯天然的含糖食物，而通过水果的采摘和流传，该植物本身也得以更广地散播。而就蔬菜来说，如果想要吃起来美味，那么无疑还需要一位好的厨师，并且烹饪蔬菜也是对人们创造力的一种挑战。

在历史中，人类和植物之间的关系也在变化，一直以来，人类都以天然存在的植物为食，大约在1万年前，人类便开始种植某些种类的植物了：谷物类、豆类和块茎类。它们都富含植物蛋白，能为人类提供非常丰富的能量。无论是从社会学还是进化学的角度来看，耕种都在历史中扮演着至关重要的角色，但耕种的发展必然伴随着对播种植物类别的挑选，导致可食用植物种类逐渐减少。非食用性植物被大规模地用于工业之中，或是用于贸易。根、花、果实、叶子和种子的气味，触觉和颜色都融汇在了一起，人类对于它们的探索是永无止境的。植物虽然表面看是静止不动的，但其实从土地到水，从空气到阳光，都被它们利用来生长发育。因此，植物自身产生出了相应的机制来将这些资源转化为食物和能量，而我们动物则是利用植物的劳作，将其再次进行耕种，或者直接食入腹中未获取能量。

蔬果不仅培养了我们的审美观，并且在温室出现之前，水果和蔬菜还象征着四季更替——它们随季节的变化而变化。如今，一年之中，无论是在几月，我们都能吃到令人垂涎的草莓等。但是情况也出现了改变，近年来，人们开始关注环境和健康，并意识到食用时令水果和蔬菜的重要性。然而，如果不能精确到地理划分上，那么“时令”这个概念仍是一句空谈。比如，人们普遍认为西红柿是夏季水果，可在6—9月收获食用，但是在某些地区，西红柿在一年中仅有一个月的时间是“时令”的。因此我们应该根据每种蔬果所生长的地理区域和环境做出评估（即应该进行温室栽培），然后再根据不同的季节做出相应选择。总之，可

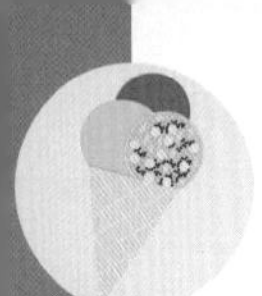

选的蔬果种类繁多，我们可以在一年中的任何时候满足自己对品食蔬果的需求。

蔬菜成熟日历

	夏季			秋季			冬季			春季		
月份	六月	七月	八月	九月	十月	十一月	十二月	一月	二月	三月	四月	五月
芦笋	√									√	√	√
甜根菜	√	√	√	√	√	√	√	√	√	√	√	√
西兰花				√	√	√	√	√	√			
洋蓟					√	√	√	√	√	√	√	√
胡萝卜	√	√	√	√	√	√	√	√	√	√	√	√
花菜					√	√	√	√	√	√	√	
卷心菜	√	√	√	√	√	√	√	√	√	√	√	√
黄瓜	√	√	√	√								
菊苣	√	√	√	√	√	√	√	√	√	√	√	√
萝卜叶							√	√	√			
洋葱	√	√	√	√	√	√	√			√	√	√
四季豆	√	√	√	√								√
茴香					√	√	√	√	√	√	√	√
生菜	√	√	√	√	√	√				√	√	√
茄子	√	√	√	√	√	√						
土豆	√	√	√	√	√	√	√	√	√	√	√	√
辣椒	√	√	√	√	√							
西红柿	√	√	√	√	√							
大葱				√	√	√	√	√	√	√	√	
红菊苣	√	√	√	√	√	√	√	√	√	√	√	√
萝卜	√	√	√	√						√	√	√
芝麻菜	√	√	√	√	√	√					√	√
菠菜				√	√	√	√	√	√	√	√	√
南瓜			√	√	√	√	√	√	√			
西葫芦	√	√	√	√								

➚ 意大利蔬菜自然成熟日历，所示季节区间可能会因地区不同而有所差异。

除了根据季节的更替好好利用菜园之外，我们还可以参与到植物世界中，去恢复和拓展蔬菜在形态、颜色和口感上提供给我们的丰富性。再以西红柿为例，多年来，大型分销商只会经销几种能用于制作沙拉的西红柿。而如今，有许多人参与到了西红柿品种多样性的研发和培植中，因此在超市里，从帕基诺西红柿到黄樱桃西红柿，从圣马扎诺西红柿到牛心西红柿……品种多样，供我们自由选择。由于人们在挑选蔬果时，会优先根据大小和形状来挑选，特别是像西红柿这样常见的食物，故而忽略了其本来的味道和香气，所以我们应该更注重蔬果的内涵。

水果成熟日历												
	夏季			秋季			冬季			春季		
月份	六月	七月	八月	九月	十月	十一月	十二月	一月	二月	三月	四月	五月
杏	√	√	√									
西瓜	√	√	√									
橙子						√	√	√	√	√	√	√
柿子					√	√						
栗子					√	√						
樱桃	√	√										√
无花果		√	√	√								
草莓	√	√	√								√	√
猕猴桃						√	√	√	√	√	√	√
柑橘						√	√	√	√	√		
苹果			√	√	√	√	√	√	√	√	√	√
甜瓜		√	√	√								
梨子		√	√	√	√	√	√	√	√	√	√	
桃子	√	√	√	√	√							
李子	√	√	√	√								
葡萄			√	√	√							

意大利水果自然成熟日历，所示季节区间可能会因地区不同而有所差异。

2017年1月，《科学》（*Science*）把西红柿作为了杂志封面。近年来，全球众多研究中心对西红柿进行了基因研究。通过对数百个品种的西红柿基因进行分析，研究人员从中鉴定出了糖、酸和挥发性物质，而正是这些物质决定了西红柿的味道和香气。这项研究的目的是选择出体形更小，更香甜可口，并且可用于大规模种植的西红柿品种。

蔬果品种的恢复工作不仅只有西红柿，而紫色胡萝卜便是另一个有趣的案例。其实紫色胡萝卜早在12世纪就已经在欧洲普遍存在了，它的种植历史远远早于橙色胡萝卜的种植。后者可能是在前者种植5个世纪后，才在北欧地区因自身基因突变而产生。由于橙色胡萝卜取得了很大的成功，紫色胡萝卜便因此失去了它在市场上的地位。

今天，我们在这里再次对我们的好奇心及数十种古老品种的西红柿发起了挑战。是的，人们对新鲜食物总是非常渴望，那么我们就从嘴里的美食开始说起吧！不再局限于完美的造型和色彩，你便能发现另一番风味。

◉ 维生素C和库克船长的泡菜

毫无疑问，我们的眼睛也是有它的“营养”需求的。水果和蔬菜中富含色素，如花青素（鲜红色或蓝色）和类胡萝卜素（黄色、红色和橙色），而这些蔬菜和水果的外观或者说颜色对我们的选择有很大的影响。比如变黑的苹果、香蕉或者土豆对我们是没有吸引力的。切开或者碰伤的蔬果的颜色会加深，这种变化是由于蔬果中的酚类化合物与植物细胞中的某些特殊酶及氧气之间相互作用的结果。当细胞结构受到损伤时，酚类化合物和酶就会相互接触，并与氧气发生反应。酶氧化了酚，它们相互结合，形成了能吸收光的分子，从而使得水果碰伤的地方变黑。这其实是植物在受到昆虫或微生物入侵及碰伤时自发形成的一种防御系统：它们通过释放酚去攻击入侵者的酶和膜，从而将其消灭。避免这些蔬果发黑的一种方法是使用柠檬汁或抗坏血酸（即维生素C），这些物质能抑制酶的活性。另外，我们还可以通过把水果浸入冷水中来减少它们与氧气的接触。

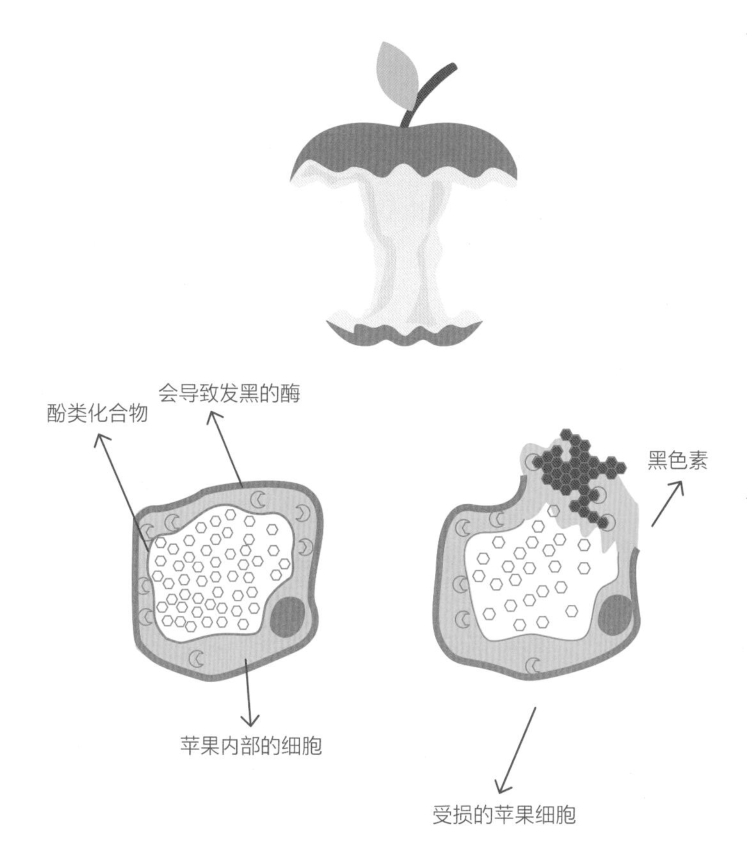

苹果发黑是由于植物细胞中酶的作用

［来源：哈罗德 · 麦基（Haeold Mcgee），《食品和厨房》（*Ilcibo e la Cucina*），利卡出版社（Ricca）］

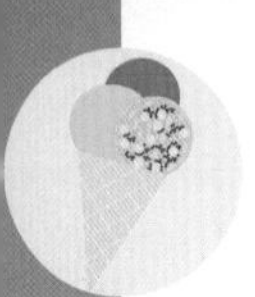

1928年，匈牙利生物化学家森特-乔尔吉（Szent-Györgyi）发现了抗坏血酸（维生素C），他观察到那些不会发黑的植物的汁，特别是匈牙利典型的红甜椒的汁液，能够延缓其他植物的发黑速度。因此，他认为可以尝试分离出其中起作用的物质。维生素C是我们生存的基础，它具有抗氧化的能力，是免疫系统的必需品；并且由于它在胶原蛋白合成时所起的作用，它对于巩固血管、皮肤、肌肉和骨骼等组织也是必不可少的。在所有哺乳动物中，只有我们灵长类动物和少数的其他物种必须通过食物来获取维生素C，其他的脊椎动物可以在肝脏中通过葡萄糖产生维生素C。水果和蔬菜是身体所需维生素的主要来源，它们几乎都包含了人体所需的所有维生素。柑橘、猕猴桃、桃、草莓、西红柿、西兰花、菠菜、卷心菜、辣椒等都能提供大量的维生素。

人类的历史与抗坏血酸息息相关。如果说香料、可可和糖对世界地理的大勘探和大发现发挥了重大的推动作用，那么同样，我们也可以说如果缺乏维生素C，那么这一切就有可能早已终结。1519年，费迪南多·麦哲伦（Ferdinando Magellano）开始了他的环球航行。1522年，当他返途时，船员的数量减少了80%。大多死于坏血病（维生素C缺乏病），这是由于缺乏维生素C而引发的疾病。当时，这样的案例并不少见：死于坏血病的船员比死于沉船事故的多得多。

坏血病历史悠久，患者会表现出一系列可怕的症状：从皮肤黑得像墨水一样到四肢肿胀，从牙龈出血到牙齿脱落，另外还有其他的症状，如疲劳和烦躁不安。病症伴随着感染、肺炎或心脏骤停，最终可导致患者死亡。在当时，由于科学知识和制图学的发展，人们建造出了能够在海洋中乘风破浪并长时间航行的船只，因此，船员会在卫生条件达不到标准的船上生活好几个月而不能回到陆地。船上的食物都是能够长时间保存并耐热、防潮的，比如熏肉、面粉做的饼，将它们烹饪至坚硬的状态，便能储存多年，并且可以抵御霉菌。但是，对那些因坏血病而牙龈发炎的人来说，这些食物可不是很好的选择。而且，考虑到造船的材料是木头，所以哪怕是生火烧一点点水，万一失火也是难以想象的，如果真的要这么做的话，只能在海上风平浪静的情况下。与此同时，船舱内没有能够存放新鲜蔬菜和水果的空间，它们容易腐烂，且不受船员欢迎。

幸运的是，在18世纪出现了英国海军司令詹姆斯·库克（James Cook）和海军医学之父医生詹姆斯·林特（James Lindt）这样杰出的人物。他们发现了某些食物能在保护船员免遭坏血病中起着至关重要的作用。虽然他们不是唯一有此发现的人，但他们的贡献无疑是具有决定性的，大批船员不再因坏血病而丧命。库克在船上下达了严格的卫生标准指令，除了以蔬果作为基础饮食，还尽快安排上了柠檬和泡菜：它们都能为人们提供丰富的维生素C。此外，泡菜由于其特别的制作方式，还能长时间储存。林特作为一名科学家，通过一次临床实践证明了柠檬汁的益处。也是多亏了该发现，在“探险号”和“奋进号”（名字取自美国国家航空航天局的航天飞机）上，库克和他的船员成功地完成了令世人惊叹的探索。这位英国船长发现了夏威夷群岛和大堡礁，完成了对太平洋西北地区的首次制图调查，并远航到达了新西兰附近，还首次穿越了北极圈。多么勇敢的库克船长，多么成功的壮举啊！然而，英国最高科学机构英国皇家学会向他颁发最高荣誉并不是因为他的地理发现，而是因为他证明了几罐泡菜和几滴柠檬汁能击败坏血病。

◉ 大力水手的菠菜和有辐射的香蕉

一个简单的抄写错误，把逗号放错了位置，是否可以创造出一个影响一代人的神话？答案是肯定的。人会迷失于自己的错误，特别是如果这些错误为他带来了好处或者强化了他的信念的话。接下来的这个故事，就讲述了一个谎言是如何成为现实的。

20世纪30年代初，动画制作人戴维·福勒斯奇尔（Dave Fleischer）和动画先驱马克斯·福勒斯奇尔（Max Fleischer）将连环漫画的主角，那位拿着烟斗、拥有强壮前臂且非常健康的乐观主义者——大力水手搬上了银屏，让其成为著名动画片的主角。他的名字是“Popeye”（波比），在意大利更多的时候被称为“braccio di ferro”（铁臂），他是一位著名的爱吃菠菜的水手。这个源于菠菜的故事让福勒斯奇尔兄弟声名大噪，这是一个非常简单而天才的灵感，并且有科学依据，至少在这两兄弟看来确实如此。大力水手吃了菠菜，从中吸收到了大量铁，从而获得非凡的力量，将他的女友奥莉芙从一位名叫布鲁托的恶霸的骚扰中救了出来。福勒斯奇尔兄弟是从一项研究中吸取到的灵感，这项研究是德国化学家埃里希·冯·沃尔夫（Erich von Wolf）于1870年发表的，该研究首次指出每100 g菠菜中含铁量约为35 mg。可惜的是，这是一个错误的数据，是由于一次错误的转录而造成的：把“3.5 mg”写成了“35 mg”。这个错误直到1937年才由德国其他研究人员纠正过来。不过，关于菠菜富含铁的神话，已经无人不晓了。

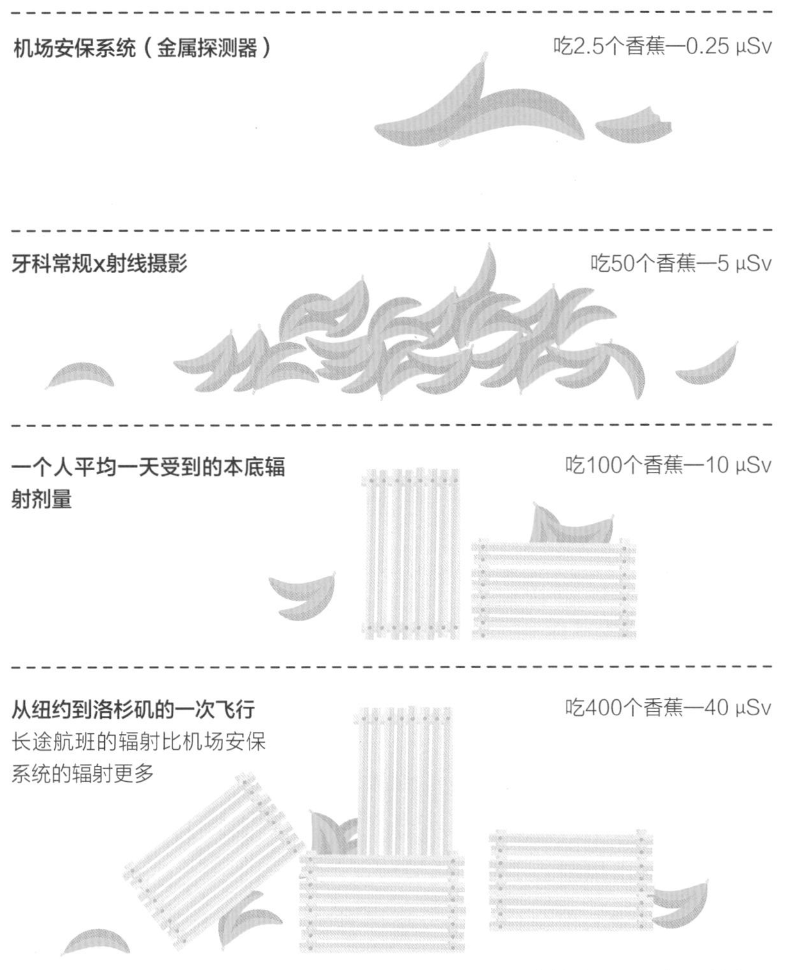

↗ 该表格展示了来自不同辐射源所受到的辐射剂量（单位：μSv）与进食香蕉时所吸收的等量辐射之间的关系

在“大力水手”上映的那些年，美国的菠菜消费量大约增加了30%。1937年，得克萨斯州水晶市（Crystal City）的种植者们甚至立了一块“大力水手纪念碑”，并自称为“菠菜之都”。如今这块纪念碑仍保留在那里，它像是在提醒我们：真理通常是由

人们共同建立起来的成果。同时也提醒着人们一个简单的信念，通过一些切实可行的有效方法，是可以将一个看起来软弱的人变成世界上最强的人的。

1981年，特伦斯·约翰·汉布林（Terence John Hamblin）教授在《英国医学杂志》（*British Medical Journal*）上发表了一篇标题为《假消息！》（*Fake*！）的文章，其中便披露了大力水手的故事为虚构，让我们的幻想化为乌有了。在我3岁的时候，我不愿意吃绿叶蔬菜，而拥有钢铁般强壮手臂的大力水手的故事便成为父母教育我的一种有效方法。事实上，每100 g菠菜（如果生吃的话）仅含3 mg铁，并且人体无法完全吸收。超高人气的大力水手如果吃一块巧克力、一包鹰嘴豆，甚至是一份猪肝，补铁效果都会更好。

但是，相反的情况也可能发生：有些奇怪的故事在人们看来像是一场骗局，到后来才发现原来都是真的。在2011年的日本福岛核电站事故之后，一位物理学家朋友曾试图向我解释，在一个完好无损的安全核电站附近，我们会受到多少辐射，而他用到的是一个我认为最无害的东西：香蕉。没想到如此美味可口的水果也有可能成为辐射源，无知可真“幸福”。实际上，我们周围的许多物体都是辐射源，而对于我们自身来说，因为生活在这个星球上，所以我们也会释放并吸收辐射，不过不用担心，这些都是天然放射现象，我们不是在讨论灾难性的原子放射剂量。

天然放射现象有两个来源：其一是来自宇宙的射线，占我们所吸收到的总辐射量的10%，它会随海拔的升高而增加；其二是放射性的原子核衰变，这也是我们接收到的辐射的最主要来源，比如由于氡（Rn）引发的衰变，氡是地面自然释放出的气体。我们所接收到的辐射中还有10%是来源于我们吃的食物，但这里说的不是在切尔诺贝利核事故之后那些具有放射性的食物。每个生物的体内都含有碳元素，而其放射性同位素碳十四（^{14}C）是无法消除的，因为碳十四是由宇宙射线与大气中的氮在不断地相互作用下产生的：在有生命的生物体内，大量的碳十四不断裂变和衰变。剩下的辐射来源则在于我们的骨骼，骨骼中含有钾元素及其具有放射性的同位素钾-40，这是形成地球的原始残余物质。

接下来我们来揭示香蕉放射性的秘密。香蕉富含钾元素，天然钾中含有0.011 7%的放射性钾，所以香蕉是具有放射性的。每150 g的香蕉能释放出0.1 μSv的辐射量，我们以此作为**香蕉等效剂量**（BED），用这个等效剂量作为单位就能帮助我们理解我们所吸收的辐射量了。我们生活在宇宙微波之下，每小时接收到约为0.35 μSv的辐射量，即食用了3根半的香蕉所吸收的辐射剂量。为了更好地理解这一数字，我们可以比较那些在切尔诺贝利核电站工作的人每小时吸收的辐射量，他们每小时吸收的辐射为10 Sv，相当于食用了数亿根香蕉；而医学放射科或者核电厂的技术人员，在安全的情况下，他们每小时吸收的辐射剂量相当于700根香蕉的。

当然，把等效剂量的辐射换算成相应的香蕉数量是为了避免人们陷入恐惧，同时，这样的测量结果也能让我们更加直观地认识到放射性污染问题以及所吸收到的辐射的数量与质量之间的关系。这就有点像发生在厨房中的烹饪问题，其实只要稍加思考和转换，都可以用质量和数量来进行解答。

⊙ 水果的成熟之路

因为我患有糖尿病，所以糖分很高的果酱对于我来说是没有好处的。不过把水果制成果酱是储存熟透了的水果的一个好办法，这一点倒是毋庸置疑的。但是，水果如何才能熟透呢？还未

成熟的酸酸的水果，又如何变成甜美的食物呢？在水果的生长过程中，成熟是最后一个阶段，是一个彻底的变化过程，水果在突然之间成熟，又在突然之间结束了自己的生命历程。在这个阶段，水果的淀粉和酸的含量降低了，而糖的含量增加了；水果会变得更软，会散发出其特有的香气，果皮的颜色通常从黄色变为红色，它们仿佛在通过这种方式向全世界大喊："我已经成熟啦！"而这些转变都是由于酶分解了复合体分子，并从中产生了新的分子。但是，这些酶又是如何被激活的呢？

关于这个问题，可以追溯到20世纪初。当时的人们注意到这样一件事，放在一箱橙子旁边的香蕉会较早成熟。同样，煤油炉旁的那些尚未成熟的青色水果也会较早成熟。这是为什么呢？这是因为水果会产生一种气态碳氢化合物，即乙烯，而煤油炉恰恰也能释放出这样的气体。这是一种在水果成熟阶段会产生的物质，而水果成熟的过程或是剧烈的，或是非常安静的。

在第一种情况下，成熟的橙子释放出乙烯，催熟青涩的香蕉，香蕉自身呼吸强度加剧，并消耗二氧化碳，释放出氧气。这种具有骤变性的水果被称为**跃变型**水果。这样的水果可以在成熟后收获，就算还未成熟，它们也可以在脱离果树后成熟。通过提供额外剂量的乙烯，就能有效促进这类水果的成熟。在成熟阶段，跃变型水果储备的淀粉转化为糖。西红柿、香蕉、梨子和牛油果都是跃变型的水果。如果你有一个还未成熟的西红柿，你想要加快它成熟的速度，可以尝试将它和一个成熟的跃变型水果一起放在一个纸袋里封闭起来，这样西红柿就能更快地成熟。

菠萝、柑橘、甜瓜及许多浆果是**非跃变型**的水果，它们的口感取决于收获时所到达的成熟度。这类水果是逐渐成熟的，不会受乙烯的影响。此外，它们没有淀粉储备，只能依靠从果树上不断积累糖分，当被采摘下来后，它们只会变得稍软一些，并散发出香气。实际上，除了梨子、牛油果、猕猴桃和香蕉之外，其他跃变型水果等到其在果树上成熟之后再采摘也会更好，因为这样它们就可以直接从果树上获取营养，从而具有更高的品质。总之，如果你能在意大利的特伦蒂诺品尝到新鲜采摘的熟苹果，就不必去非洲或南美洲品尝上等品质的香蕉了，因为它们都同样美味。当然，蔬果种植户可以采摘尚未完全成熟的蔬果，因为等它们到达超市的蔬果区时，就已经成熟并可以食用了。

·厨房实验室·

酸酸的紫甘蓝

酸的反面是什么？当然是碱了。虽说如此，但我们平时却很少提及碱这个概念。柠檬是酸性的，我们的舌头能感觉到，那碱的味道是什么样的呢？物质在水中可能会失去或得到氢离子，失去氢离子的物质就是我们说的酸性物质，而得到氢离子的就是碱性物质，这些术语通常出现在烹饪中，pH指示剂的颜色会根据物质酸碱性的不同而变化。紫甘蓝中含有色素花青素，它在酸性环境中会呈现红色，在碱性环境中会呈现黄绿色，这对于我们的烹饪来说是很重要的知识。酸性物质的pH 1~6，碱性物质的pH 8~14。水是中性的，其pH等于7。那库克船长的酸泡菜的pH是多少呢？

需用物品：搅拌机、紫甘蓝、水、漏勺、容积为2L的瓶子、玻璃杯、美式咖啡过滤器。

具体步骤：把紫甘蓝切成块，放入搅拌机中，加入水（至搅拌机的一半）；将其搅碎成奶昔状。然后用过滤器过滤掉混合物，滤出液装入玻璃瓶中，这便就是你们的pH指示剂了。接下来，只需把指示剂添加到需要测量酸度的物质中来观察其颜色的

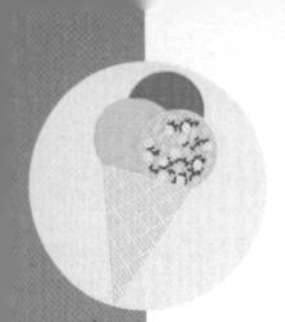

变化就好了。你还可以多准备几个玻璃杯，分别装上半杯紫甘蓝汁，然后分别在其中加入醋（pH = 2）、柠檬汁（pH = 4）、水（pH = 7）、小苏打（pH = 9）、氨水（pH = 11）和漂白剂（pH = 12）。你会发现指示剂的颜色依次会从酸度最高的红色（低pH）变碱度最高的黄绿色（高pH）。试着用碱来中和酸，你会发现随着酸度的降低，其颜色也会慢慢改变。你还可以将滤纸条浸入紫甘蓝汁中，然后取出，待其干燥后，你就能拥有自己的便携式酸碱指示剂了。这样，你就能测出你所吃食物的酸碱度了。

·厨房实验室·

快速制作泡菜鸡尾酒

“水手们！准备装满货舱！装上库克船长的泡菜……还有波义耳的泡菜。”17世纪英国的物理学家和化学家罗伯特·波义耳（Robert Boyle）提出了一条以自己名字命名的定律——波义耳定律。该定律为：在恒定温度下，气体的压强和体积成反比：随着压强的增加，体积会减小，反之亦然。但是，这条定律与新鲜蔬菜、泡菜或者酸碱又有什么关系呢？其实快速制作开胃泡菜正是以这条定律作为基础的，这样，就不必像传统制作方法那样等待好几个星期了。这一方法我们称之为“快速酸腌渍法”，有的人还建议用这一方法来制作固态鸡尾酒。你可以试着在互联网上搜索出由曼哈顿法式烹饪学院的厨师研究员戴夫·阿诺德（Dave Arnold）提出的可食用马天尼酒（Edible Martini），就像腌制小黄瓜一样，你也来动手试试制作类似的食物！

需用物品：小黄瓜、盐水、100 mL的注射器、1个小盆。

具体步骤：发酵是保存食物的最古老的方法之一，只需要一个容器和一些盐即可。腌橄榄和腌菜就是发酵食品的例子，我们可以把这种方法应用于其他的蔬菜上，比如洋葱和胡萝卜，还可以加入一些香料来进行调味。泡菜是另一种类似的食品保存方法：只需把食物浸入到盐水或醋中。盐水，即盐分高的溶液，通常能刺激发酵，进而产生酸性物质。水果和蔬菜在发酵过程中产生乳酸菌，这些乳酸菌在某些条件下（主要是在没有氧气的情况下）能够增殖并阻止其他有害微生物的繁殖。正因如此，乳酸菌会消耗植物中的糖分，并产生包括乳酸、酒精和乙醇在内的抗菌物质，从而保持蔬菜组织和维生素C之类物质的完整。蔬菜在盐水中由于渗透压的作用，会释放出组织中的水分，这是因为蔬菜内部和外部之间具有浓度差：小黄瓜内部的浓度最低，由于渗透作用，水从低浓度流向小黄瓜外的高浓度盐水，直到达到平衡状态。这整个过程需要数周的时间，但我们可以用快速酸腌渍法来加快这一过程。你可以用小黄瓜，也可以用其他蔬菜来体验这一方法。你需要准备一份盐水，或者用米醋，还可以添加其他香料来调味（如姜黄、小茴香等）。把黄瓜切成小块，放入100 mL的注射器中，推动活塞尽量排出注射器内的空气。把注射器浸入盐水中，再向上拉动，确保所有的黄瓜块都浸在了盐水中。翻转注射器，开口向上，排出管内空气。然后用拇指堵住开口，将其密封，另一只手用力拉动活塞。由于体积增加了，压强就降低了，在非常用力的拉动下，注射器内的液体开始沸腾，就像在真空机器中一样。保持几十秒钟，再放开堵住开口的手指，排出管内空气，然后再用拇指密封住开口，重复几次操作。这样产生的巨大压强差能破坏细胞膜，因此植物组织中的水和空气会排出来，而盐水会进入小黄瓜内部。最后，我们将能得到一份美味、爽口并且是半透明的泡菜。

第三章 烹饪方式的发展

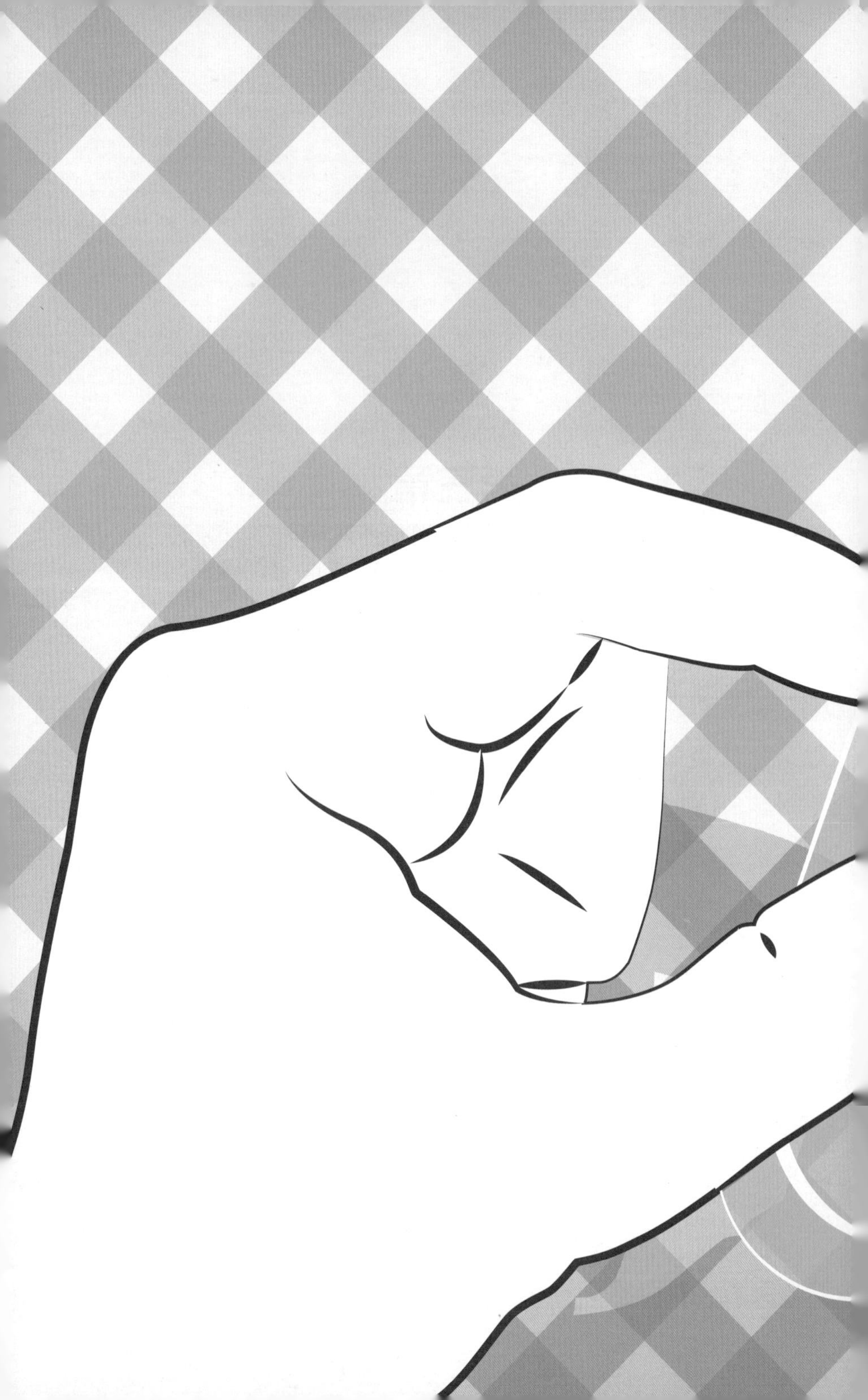

关于冷热的发明

——“哎呀！好烫！”

——“别去摸烤架，你没看见炭火吗！现在的火很旺，就像要燃烧掉我们身体里的脂肪一样。”

厨师取来了一块牛排，放在烤架上。

——“您感受到火焰奇特的魅力吗？法国人类学家列维-斯特劳斯（Lévi-Strauss）曾经说过，火是调解人与自然的一种因素，在用火来烹饪食物的过程中，我们的社会观念就已改变了。这真像‘烧烤大王’说出来的话。”

我心满意足地吃了一块烤肉。

从这位厨师学到的这句名言，让我用了一秒钟的时间来抚慰在我心中萌芽的素食主义精神。

现在我明白了火存在的意义。这就是我来学习如何征服火焰的目的。

一个烤架，一堆炭火，肉在火焰上发出噼里啪啦的声音……这与由搅拌器、小天平、高压锅和吸量管所构成的现代化厨房完全不同。在高科技厨房的时代，原始风味的烹饪，即直接与火接触的烹饪，仍然引起了许多爱好现代化食品及烹饪的人士的兴趣和好奇。其实，我们与火的关系长达数十万年，毫无疑问，在烹饪食物的过程中，火为我们带来了巨大的好处。正如著名的哈佛人类学家理查德·兰厄姆（Richard Wrangham，《火的情报》*Intelligence of Fire*的作者）所认为的那样，由于我们烹饪的食物，才造就了我们本身。这是一个具有启发性的且让人着迷的推测，我们将在后面的章节中做更多讨论。事实上，从北极的因纽特人到非洲撒哈拉以南地区依靠狩猎和采集生活的人，可以说在地球上的每个人，都利用了火和火产生的热来烹饪食物。

煮熟的食物更有营养，更容易咀嚼，而且更美味，热量的含量也会更高。火能去除食物中的病原体，从而让其变得安全，火也改变了我们的饮食习惯、风俗和聚集方式。烹饪背后的化学知识和物理知识教会我们，食物是否需要烹饪及如何烹饪，食物是否需要储存及如何储存。例如，有的食物是极好的生吃料理，而有的需要煮熟，尤其是蔬菜；还有的食物在煮熟之后，其风味和营养价值才能得以改善。比如，当我们煮肉时，肉类结缔组织中的胶原蛋白变性，这让肉不仅变得更有嚼劲，且热量丰富。生土豆也是不可食用的，我们的胃无法消化其中的淀粉，但是将其煮熟后，它们就摇身一变，成为人们高度喜爱的食物了。烹饪改变了食物的分子结构，又创造出了新的化合物，而这一切都要归功于一种无形但无处不在的因素——热量。

◉ 热量从哪儿来，到哪儿去？

当我们加热食物时，其实就是向食物提供热量；热量能使食物内的分子运动，使分子之间相互振动和碰撞，从而改变食物的结构并重组了新的结构。供给的热量越多，食物本身构造的改变就越多。反过来，如果我们要保护和保存已经煮熟的食物，就必须带走它的热量以减缓其变化的速度。这就需要冰箱、冰柜或者其他越来越流行的冷藏工具（例如鼓风冷却机）了。

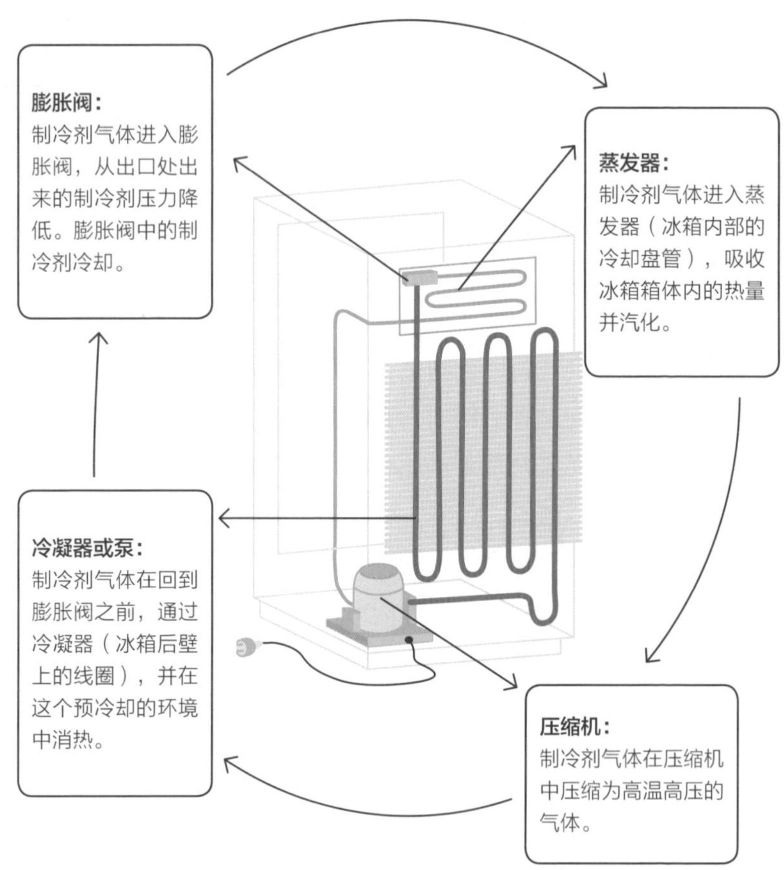

↗ 冰箱工作原理

冰箱利用了气体的特性，即在汽化的时候会吸收热量，而在液化的时候会放出热量。冰箱中使用到的气体在压缩机和蒸发器组成的回路中流动：冰箱外的压缩机压缩气体，直到它变为了液体，然后通过越来越宽的冷却盘管被抽回到冰箱里；压强降低，液体开始汽化，并从冰箱内的食物中吸收热量。最后热量通过散热器排出。每当冰箱内部恒温器检测到温度升高时，该循环系统就会重复运行一次。

第一台制冷机可以追溯到18世纪中叶，是苏格兰化学家威廉·卡伦（William Cullen）的构思。但是，第一台带有压缩系统的家用冰箱直到1834年才出现，是由美国物理学家和工程师雅各布·帕金斯（Jacob Perkins，1766—1849）设计的。几年后，还有其他的研究人员申请专利并造出了类似的制冷系统：美国的约翰·格里（John Gorrie）于1851年生产了一种制冷机；法国的费迪南德·卡雷（Ferdinand Carré，1824—1900）申请了以氨为冷却剂的冷却系统专利，但在1931年，氟利昂替代了氨。然而，这些多年来出现的成功制冷案例，却被证明是灾难性的。1985年5月，《自然》（*Nature*）发表了当时最具有影响力的文章之一：一队科学家发现，在南极高原上方22km处，臭氧层出现了一个空洞，而臭氧存在于地球的表面，能保护地球，抵御太阳紫外线。这篇文章引发了轰动。两年后，包括氟利昂在内的含氯氟烃（CFC）被禁用，以免它们继续破坏臭氧层。我们今天使用的冰箱等都是由对环境影响更小的冷却液来运行的。

在对烹饪的要求日益严格的过程中，除了冰箱外，另一种用于冷却的工具横空出世：快速冷冻装置。这款机器会在90 min内将食物温度从烹饪温度降至3℃。降温后再把食品存储在冰箱或冰柜中，可减少与空气和病原体的接触。该类装置有两种快速冷却方式：正向和负向。正向型的快速冷冻装置能够把95℃的高温降至3℃，引起一种热能冲击，抑制细菌的滋生；负向型的快速冷冻装置在制冷过程中，能在240 min内将温度降到-18℃。

大致上来说，快速冷冻装置的工作原理类似于具有强大制冷发动机的冰柜和一个能在-40℃左右的温度下强制产生气流的叶轮。强制循环能增加设备的传导系数，使其能够吸收更多的热量，并快速冷却食物。因此，我们可以把菜肴迅速冷冻储存，并且保持几天之内口味不变。

如果有一个工具，既能控制食物的冷，并且能以可控的、自动的和组合的方式进行调节，对于做饭的人来说是一大福音，既可以节省时间和精力，还能保持食物的品质和营养。总之，我不介意再强调一遍，一个好的温度计对于烹饪来说是非常实用的工具。温度计有很多类型。不过，我们需要明确的是温度和热量之间是有区别的。

我们可以将温度定义为物体内部分子运动的量度。具有相同温度的两个物体是不会交换热量的。热量从一个物体传递到另一物体的速率取决于它们之间相互接触的程度、二者的温度差、热量在两者之间传播的速度，以及不同物体的比热容——为了提高温度而需要吸收的热量值。某些材料可抵抗热传导，而常见的材料在这方面的能力就相对较弱，因此，在烹饪中，我们会使用导热率低的木制汤匙和长勺；出于相同的原因，若要使用金属制的工具，我们更喜欢使用不锈钢的。

热量可以通过传导、对流或辐射的方式，从一个物体传递到另一物体上。这3种方式都需要时间，且所需时间远比用微波把能量快速释放给水分子来加热食物多得多。在任何固体中，热扩散都是通过传导发生的。放置在火焰上的物体会从与热源的接触点开始加热，热量在物体中传播的速度取决于其导热系数，而温度的升高程度与自身比热有关。从物体之间的导热过程示意图可以看出，热量从高温热源（T_2）流向低温食物（T_1）的速度，取决于温度差（T_2-T_1）和接触表面积A，但与厚度L成反比。这是什么意思？意思就是锅越薄，热源与装着食物的锅之间的接触面积越大，传递的热量就越多。

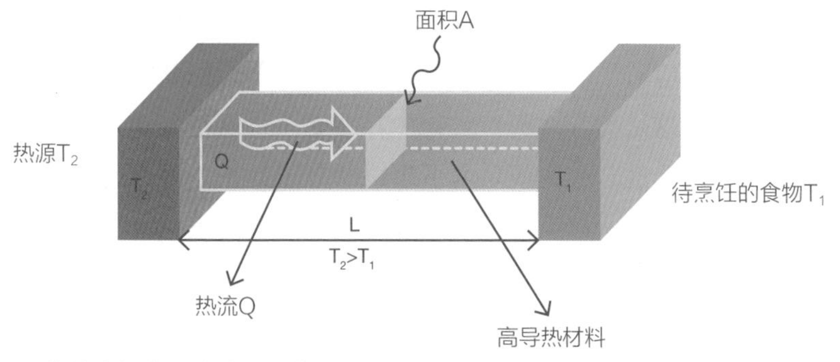

↗ 物体之间的导热过程示意图

对于空气和水之类的流体来说，热传递是通过对流发生的，我们可以在蒸煮、使用烤箱，或者烧水时观察到该现象。加热的流体分子产生对流运动，从而将热量带入到食物内。还有一种热转移是通过辐射完成的。所有热物体都会辐射出热量，这些辐射穿过物体后会对其加热。这就是为什么我们靠近久开着的灯泡时，会感觉到它发热的原因。

◉ 金黄烹饪：路易斯·卡米尔·美拉德的牛排

在人们探索烹饪艺术的秘密时，路易斯·卡米尔·美拉德（Louis Camille Maillard，1878—1936）是一个必然会提起的名字，这或许是因为“美拉德反应”是烹饪中最重要的反应之一。但是我对美拉德先生曾经是否烹饪过牛排持怀疑态度：他对食物的物理性和化学性并不感兴趣，而活细胞的生物化学性倒是十分吸引他。他喜欢研究细胞，并分析氨基酸和糖之间的反应。烹饪过程中产生的许多风味及烹饪后食物呈现的颜色，很大程度上都取决于糖和氨基酸之间发生的化学反应。

从表面金黄的面包，到棕色的面团和香喷喷的饼干，从牛排

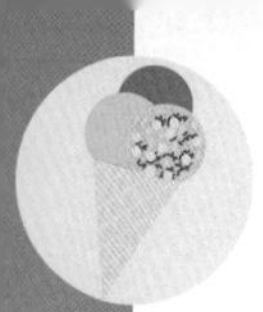

到炸薯条，再到炭烧咖啡，这些是发生了美拉德反应的例子。虽然美德拉反应对于制作这些食物来说十分重要，但其中仍存在未知的部分。这是为什么呢？食物中存在着多种氨基酸和大量糖，而且在不同温度、酸度或环境下生成的分子，正是因为这种种不同因素的影响，所以反应过程是非常复杂的。而正是由于存在这样巨大的可变性，厨师才能从中找到属于自己的发挥空间，并且去创造和发挥食物中存在的化学反应。

当我们烹饪牛排时，为了能够得到最传统的肉香，就必须确保它的美拉德反应是在140~180℃的温度下快速且完全地发生。若是高于200℃，牛排就会烤焦，烤焦的牛排不仅味道不好，而且对我们的健康有害。在美拉德反应的第一阶段，蛋白质和碳水化合物降解成为更小的分子、氨基酸和单糖。在第二个阶段，这些分子会形成数百种新的气体化合物，从而使烹饪好的食物具有典型的香气和风味。而在第三个阶段，那些使食物呈金棕色的分子就产生出来了。

对于肉类来说，这些反应关系到了其表面的变化：肉的内部所含的水分达到100℃时，在保持温度不变的情况下，会转化为水蒸气挥发掉。牛肉中所含的糖分足以引起美拉德反应，而白肉却很难发生这种反应。因此，把肉放在柠檬汁、葡萄酒或蜂蜜糖水中腌制一会儿能够有所帮助，因为这些腌汁可以提供额外可用的糖分。另外，添加少许的小苏打（一种碱性物质）也可加速美拉德反应。你可以试着分别烹饪加了小苏打（一点就够了）的洋葱和不加小苏打的洋葱，观察二者的不同。同样，若是要制作风味独特且表面金黄的德国碱水面包（一种著名的巴伐利亚面包），就需要把面团浸入到强碱性的食品级氢氧化钠溶液中；碱性环境能加速美拉德反应，从而产生诱人的香气和漂亮的颜色。

◉ 低温慢煮烹饪：对于朗福德伯爵来说，这并不是一件新奇的事

我得承认，我不是烧烤专家，对于火也一知半解，但在海外旅行期间，我有机会参加了几次典型的美式户外烧烤派对，它们就在主人家的后花园里进行。不过我知道，烧烤并不是一件容易的事，它也是需要遵守规则和传统的。烧烤是一种美国流行的文化，如今，由于电视节目及各种宣传的影响，烧烤文化已成功抵达欧洲。新的饮食文化融合进了意大利大部分地区及瑞士和德国的饮食中，因为这些地区和国家原本就存在某种炭火烹饪的技术，所以能够适应美国的烧烤文化，要注意的是，这两者是不同的，不要将它们混淆了：典型的美式烧烤需要低温慢烤，食物与热源之间有一定距离，所用的烧烤炉是带盖子的，盖子合上后，食物在烤架上慢慢烤，其间温度不高于120℃。这与在烤架上烤的方式不同，因为后者会使食物更靠近炭火，是让其直接在高温下烧熟。让我们忘记美拉德反应吧，美式烧烤虽然不能使肉出现经典的颜色，但肉质却更柔软多汁。

通常，烹饪肉类需要在两种相互矛盾的需求上做出折中：一方面，如果想要保持肉的柔软口感，则需要肉的内部温度不超过65℃，此时的温度足以防止细菌滋生；而另一方面，如果想要让肉吃起来有嚼劲，那么就需要让胶原蛋白变性产生一种结缔组织，该过程则需要在高于75℃的温度下进行。

如今，低温慢烤这一理念已成为许多前卫厨房的座右铭，近年来，那些顶尖的厨师也开始提倡用低温慢烤肉了。其实，这没什么新鲜的：这方面的第一个实验可追溯到本杰明·汤普森爵士（Sir Benjamin Thompson），距今已有近两百年的历史了，本杰

明·汤普森爵士被授予了“神圣罗马帝国伯爵”的称号，其爵号“朗福德”取自马萨诸塞州的一个小城镇名，爵号让他流芳千古。朗福德伯爵是美国的一位科学家和发明家，他为了躲避美国独立战争而移居至英国。他是一个思想活跃且具有冒险精神的人，在欧洲很受欢迎，并且成为英国皇家学会的一名享有盛誉的成员。

与美拉德和其他许多研究者不同的是，朗福德伯爵除了致力于研究“高贵”的热力学之外，还热衷于谈论一些与烹饪有关的问题。朗福德伯爵对烹饪很感兴趣，他从科学的角度来审视炒锅和煮锅，并对浓汤、烧水和碎肉都进行了实验研究。比如，他观察到烹饪食物时，尤其是肉类，不必将水加热到100℃就能煮熟，因为在高海拔地区，水在较低的温度下就可以沸腾，食物同样能煮熟，那么我们为什么要在100℃的水中煮肉而浪费能量呢？然而，朗福德伯爵的这一想法并没有立刻引起人们多大的兴趣。

因此，作为一名真正的科学家，他为了说服厨师，便让他们拿两个容器和两块相同的肉来进行控制变量实验。朗福德伯爵建议将第一个锅中的肉放在沸水中煮，再将第二个锅中的肉放在较低温度的水中煮沸。你会发现这两块肉都被煮熟了，并且第二个锅中的肉更好吃：肉质鲜嫩、多汁、美味。因此，人们在烹饪过程中开始慢慢降低水温，同时还能节省大量燃料。如今，朗福德伯爵的烹饪方法有了更多的追随者——他如果知道的话，应该会十分满足吧，虽然他的这些追随者们大多不知道这项技术已经有两个世纪的历史了。在如今配置更加专业化的厨房中，低温水浴烹饪已成为一种越来越普遍的做法，我认为在未来的厨房中，这些方法会用得更多。

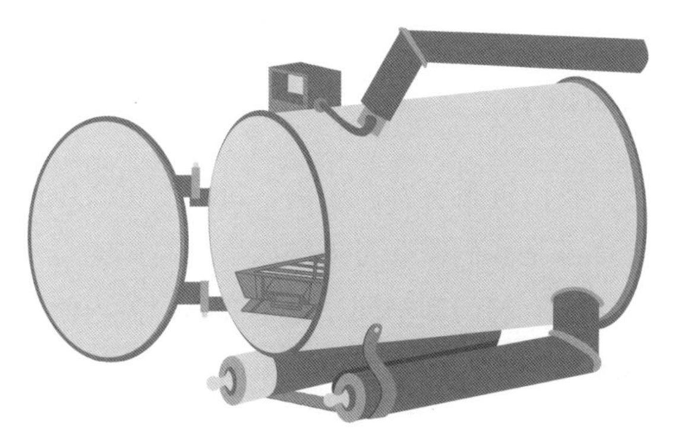

↗ 朗福德伯爵发明的烤箱

把食物放置在大圆筒内的烤架上（下面是接油盘），这种烹饪是基于圆筒自身产生的不断流通的热空气，因此与火没有直接接触。

让我们回到烧烤，这是另一种“*slow & low*”烹饪方法。这个方法是朗福德伯爵某日在研究烹饪温度时偶然发现的。那天，朗福德伯爵在自己发明的烤箱中放上了一块漂亮的羊肩胛肉，这个烤箱本身是用来烘干土豆的，这样的方式既缓慢又不用与火直接接触。这是一种“**超前**”的烧烤，温度在60~80℃，大约3 h后，朗福德伯爵发现羊肉仍然很硬，部分还是生的，然后他就去睡觉了，全然忘记了烤箱里的羊肉。然而第2天早上，是羊肉的香气唤醒了他，他发现那块肉不仅烤熟了，而且鲜嫩多汁，柔软可口。食品在低于120℃的温度下，通过辐射和对流的间接加热来进行烹饪，并从产生的烟雾中吸收热量和香气，还能避免直接把烤架放在炭火上时经常发生的烧焦情况。我们只需期待和品尝即可，或许可以一边等待，一边拿着一杯啤酒，向本杰明·汤普森爵士，也就是向尊贵的朗福德伯爵致敬。

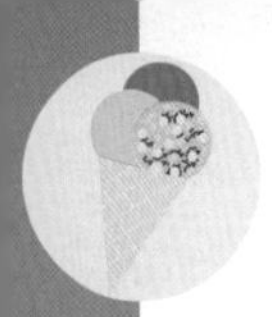

⊙ “炸弹”高压锅

说完烤架，我们再来看看高压锅。每次使用高压锅时，湿度、压力和温度都是我们需要考虑的因素，高压锅是一种带盖的金属容器，由于有阀门和垫圈，这个金属容器内能形成压力高于大气压的烹饪空间。该发明可以追溯到17世纪末，当时的法国物理学家和数学家丹尼斯·帕平（Denis Papin）发明了这种**蒸煮器**，“一种可以在短时间内，以较少能量软化骨头并且烹饪各种肉类的机器”，这既是他对这个机器的定义，也是他描述这款新机器的论文标题（法语：*La Manière d' amolir les os et de faire cuire toutes sortes de viandes en fort peu de temps*，*& à peu de frais*，1682）。

但是，帕平发明的系统还是过于复杂。直到1927年，德国喜力特（Silit）公司才开始生产现代家用版的高压锅“西科（Siko）”，这款高压锅在第二次世界大战后风靡全球。这种类型的锅对于那些需要长时间烹饪的菜肴来说，具有了缩短烹饪时间的优势。我们都知道，水的沸点会随压力的变化而变化，而压力随高度的增加而降低。如果在1 500m的高度，水在95℃时就沸腾了；在勃朗峰上，84℃就足以沸腾；而在压力比地球压力低得多的火星上，水在10℃时就沸腾了。若是要在火星上煮意大利面，你需要一个不错的高压锅，因为即使水沸腾了，也会因为温度太低而无法煮熟意大利面。

把高压锅的锅盖盖紧，再向它慢慢提供热量，水会从液态变成气态。根据波义耳定律（压力和温度成正比），随着锅内压力的升高，水的沸点也将升高，直到达到120℃。并且，这是唯一一种人为提高沸点的方法。在正常的环境条件下，水在达到

100℃后，就成气态并挥发出去了，而在压力锅中，由于密封，蒸汽无法像在普通锅中那样散发出去，一旦达到了最大压力，安全阀就会打开，释放出多余的蒸汽以保持恒定的温度和压力。如果没有这些安全系统，当内部压力增加太多，锅就会变成一颗炸弹。当然，高压锅是一个需要时刻关注着的烹饪工具，因为我们制作许多食物都能用上它。它的优点是可以帮助我们快速炖制各种类型的肉、烹饪各种美味的汤。更不用说，它产生的高温还能使诸如谷物类和豆类食品更易消化，缩短了烹饪时间，也有利于保持食品的营养特性。

食物的热量

——“你想减肥吗？”

她的手放在胯上，在镜子前转来转去。

——“你必须用简单自然的方法，别指望你的那些代餐能量棒里的化学成分了。柠檬水是一个最佳选择，相信我，你会变得更优雅的。这个方法从20世纪40年代就存在了。你只需要每天喝6杯特调水，也就是在水里加入柠檬汁、辣椒粉和枫糖浆，连续2个星期就行了。这种水的热量超低，并且可以满足你身体的所有需求；柠檬能净化肠道，提供钾元素，而辣椒富含维生素B和维生素C，众所周知，它还有助于血液循环；枫糖浆能给你提供能量和矿物质。”

而她的另一个朋友，理了理身上穿的新衣服，悄悄离开了。

——“我当然要减肥，但是像你说的这样，我会饿死的。我看还是睡觉减肥法更好，我睡着了，就不用吃饭了，听说摇滚歌手猫王也用的这个方法。把我的代餐棒递给我，我饿了。”

我喜欢吃东西，我过着一种可以被委婉地称为“安逸”的生活。然而，我非常清楚，事实并非如此“安逸”，虽然我知道食物该如何搭配更好吃，但这并不能为我辩解什么，所以我经常陷入后悔之中。健身房的教练向我们发出“警告”，并承诺能够在3个月内帮助我们成功减肥，拥有奇迹般的成效，于是我们便开始尝试通过节食和健身运动来弥补我们以往的大吃大喝和懒惰。事实上，烹饪过的食物能保证我们的能量供应，而如今，却又涌现出众多高热量的食品和饮料。少吃点？怎么行！饮食无处不在。饮食已成为一种集感官、社会和心理层面的复杂体验。

但是，如果体重超重的人数真的增长了，那么对美食、美食家充满好奇的人数也增长了：**美食家**是消息灵通的偏执狂，他们共同的爱好是品尝美食，寻找有机食品和种植培养它们的农夫，他们热爱天然酵母，他们也是高科技爱好者，对真空烹饪技术及有机食物颇有研究。这是一种好奇心，正如康奈尔大学最近发表在科学杂志《肥胖症》（*Obesity*）上的一项研究所说的一样。不过，也正是这种好奇心将有助于拯救美食家，让他们免于患上肥胖症。不过，这种对新事物和不同事物的好奇心，当然也包括在食品领域上的好奇心，而这样的好奇心是否可以拯救我们呢？或许光有好奇心是远远不够的，但这也算是一个良好的开端。根据WHO的数据，从1980年到现在，全世界的肥胖人数增加了不止1倍。而目前，体重超重的人数已经超过了营养不良的人数，全球体重超重者估计有19亿，其中患有肥胖症的有6亿人。这个问题越来越多地出现在儿童身上，并且，这一现象已经成了一种流行。为了应对这一现象，诸如WHO之类的组织机构积极提出各种建议和指导方针。

◉ 饮食时代：从旧石器时代到杜坎减肥法时代

你能列举出几个最近几年听说过的饮食名词吗？从“流质饮食”或“均衡饮食”，“‘睡美人’饮食”或“碳饮食”，每个

人的心里都对这些不同的饮食有着自己的排名。几乎对于每个人来说，“diet”（饮食）一词已成为“减肥”和“牺牲”的代名词。实际上这个词源于希腊语“δίαιτα”，可以译为“生活方式”，因此，我们可以这样理解：“饮食”指的是一种生活方式，可能是健康的生活方式，而不仅仅是饮食习惯这么简单。多年来，我们的饮食计划过于死板、简陋且片面，它虽然旨在减轻体重，但也可能损害我们的新陈代谢系统。

好吧……关于这方面我只简单说几句。在我看来，在所有有害的减肥方法中，排在第一位的，当然是绦虫减肥法。绦虫是一种寄生虫，一种蠕虫，长达几米，附着在宿主的肠壁上，以我们所吃的食物为食，从而导致宿主缺乏营养而体重下降。在过去，由于不良饮食习惯和糟糕的卫生条件，吃饭时把这种寄生虫一起吃进肚子里，一起“共餐”是很正常的，但是如今呢？这种减肥法起初主要是从tam tam（一种社交软件）传播出来的，目前时不时地仍会有人自愿吃含绦虫的食物，或者直接将绦虫和鸡蛋一起吃，并以此来达到减肥的目的。毫无疑问，这种饮食方法确实是有效的……但其产生的副作用也不少，包括腹痛、恶心、疲劳和腹泻。此外，他们还没有考虑到的是，绦虫可能会从肠子中移动到其他地方从而造成更严重的伤害。

同样有争议的，是基于绒毛膜促性腺激素（一种孕激素）的人绒毛膜促性腺激素（HCG）节食法，这需要连续3周注射该激素，同时严格保证低热量饮食，但这种节食法并不值得推荐。该方法是于20世纪50年代，由英国医生阿尔伯特·西蒙斯（Albert Simeons）发现。他观察到接受人绒毛膜促性腺激素治疗的患者会出现食欲不振，燃烧更多脂肪的现象，于是他产生了这样的想法：为什么不把这种激素用在肥胖症患者身上呢？不过，同样的，使用这种方法减肥的同时，也会产生许多副作用，比如男性乳房发育，同时还出现抑郁、血栓、睡眠质量降低。

还有一种非常常见的节食法，每天吃同一种食物。白菜汤饮食就是一个例子。你可以想象一下，每天吃水煮白菜意味着什么。采用这一流行的饮食方法有望在1周内减少多达4 kg的体重，然而实际上，人们失去的只是体内的水分。除了单调得令人难以忍受之外，白菜汤单一和不足的营养还会导致疲劳和恶心，更不用说，这样的饮食还缺少了碳水化合物和蛋白质等营养物质的摄入，这种危险的饮食不应该持续超过1周。

另一种饮食法以更加时尚的，或者与大型商企相联系的饮食为代表，通常都有一位带着模式化微笑的专家为其宣传，即所谓的“**旧石器时代饮食**”，这种饮食是在农业发展之前，根据我们祖先所谓的饮食习惯而建立的，当时的人类以野味、鱼类、水果，以及植物的块茎、根、种子和树叶为食。这种饮食法起源于21世纪初期，是来自科罗拉多州立大学的教授、生理学家洛伦·科丹（Loren Cordain）提出的。他提倡人类应回归于谷物、牛奶、乳制品、豆类，这些原始的饮食中富含复合糖。但是，我们为什么要参考一万多年前的饮食方法呢？我们的祖先真的吃得比我们好吗？科丹教授认为，我们的消化系统还没有进化到足以适应当前的食物体系的地步，因此最好回头看看。

杜坎饮食法也是一种著名的饮食法，这是一种无碳水化合物的高蛋白饮食法，是近年来较受关注的饮食法之一，受到了几百万人的追捧。杜坎饮食法有4个阶段：速效期、缓效期、巩固期和稳定期。该方法的发明人——营养学家皮埃尔·杜坎（Pierre Dukan）承诺这种饮食法能够在帮你去除多余脂肪的同时保持身体健康。在这种方法下，人们在刚开始时体重会迅速减少，因为水分大量流失，但是一旦停止该饮食计划，减轻的体重又会全部反弹回来，具有经典的溜溜球效果。另外，摄入过多的蛋白质

还会造成的肾脏和肝脏的负荷。英国饮食协会（British Dietetic Association）称其为最糟糕的饮食方法。

这里不是在谈论哪种饮食方法最糟糕，而是要提出疑问和引起好奇。从这个角度来看，我还要提一下素食主义，与其说是一种饮食，不如说是一种真正的生活哲学。要想更好地了解素食主义，最好的方法是参考《中国健康调查报告》（*The China Study*）一书，这是一本由康奈尔大学营养学家柯林·坎贝尔（Colin Campbell）和他的儿子柯林·托马斯（Colin Thomas）共同编写的畅销书。这本书取得了非常大的成功，因为书中所研究的素食饮食不仅可以有效减轻体重，还可以健康长寿。这本书的构想，源于一项由牛津大学、中国医学科学院及预防医学研究所于1983年在中国农村合作进行的一系列研究。研究人员为了确立营养与健康之间的联系，研究了许多农民的饮食习惯和生活方式，并识别出了有益和有潜在危害的食物。这项研究从未在科学期刊上发表过，但是在2005年，坎贝尔将他的观察和结论写入书中。不过，坎贝尔的理论尚未获得科学界的认可。

柯林父子发现了一些与错误的饮食习惯有关的疾病，而这些疾病都是由于“过剩”引起的。他们提出的解决方案是，食用我们在中国农村任何地方都可以找到的食物，包括未加工的谷物、大豆等。从本质上讲，素食是一种饮食，除了不吃肉，也不吃乳制品和动物脂肪。其他流行病学研究已经证实了这些食物的有害影响，但又补充说其风险与食用量成正比。不过在坎贝尔看来，即使非常少量的动物脂肪和蛋白质，也足以使人生病。完整的《中国健康调查报告》还包含了更多的内容，不仅拒绝肉、鱼和奶制品，还拒绝那些经证明有效的疗法。这让人不禁产生疑问，当诸如FAO或者WHO这样正式而严肃的组织机构根据独立、可靠和共享的研究提出了健康正确的饮食准则时，还有什么必要诉诸在其他饮食法上呢？

2012年，美国癌症研究所（American Institute for Cancer Research）在最受人们认可的美国食品研究中心进行了一系列研究后得出结论，他们认为，饮食法不起任何作用。如果你想了解到更准确、更深入的说法，可以去读读伦敦国王学院（King's College London）遗传流行病学教授蒂姆·斯佩克特（Tim Spector）所写的《饮食的迷思》（*The Diet Myth*）。

唯一一个可以追溯到“diet”这个词本身的饮食，是地中海饮食，而且这种饮食方式在科学上也得到了认可。20世纪50年代，美国医师和生理学家安塞·本杰明·基斯（Ancel Benjamin Keys）在观察了意大利南部的饮食习惯后，渐渐总结出了其饮食特点。地中海饮食色彩鲜艳，美味可口，从其食谱中可摄取约60%的碳水化合物，10%~15%的蛋白质，以及25%~30%的脂肪，这个配比能够支撑人体的各项活动。从2010年开始，地中海饮食被联合国教科文组织认定为人类非物质文化遗产。

◉ 亲爱的阿特沃特先生，消耗的热量还多着呢

你想减肥吗？其实这很简单，应该说非常简单。食物为我们提供了生存所需要的能量，而卡路里就是我们用于衡量这种能量的单位。要测量食物所能提供的能量，在一个叫作热量计的仪器中燃烧一定数量的食物即可。食物燃烧产生的热量会传给它周围的水，通过水温的变化，我们便可以计算出热量。更简单地说，如果我们知道了食物的营养成分，就可以得出所含热量的数值，即把蛋白质和碳水化合物的克数分别乘上16.8 kJ，把脂肪的克数乘上37.7 kJ，正如化学家威尔伯·阿特沃特（Wilbur Atwater）在19世纪末所证明的那样，再将得到的3个数据加起来，得到的结

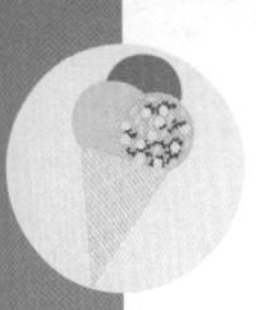

果即为该食物的热量。这一切看起来都非常简单。

通常，当我们开始出现体重问题时，那么就需要注意去查阅食品标签，去研究其中的营养价值和热量数值。我们可以一边计算一边做出平衡：一部分是要摄取的热量，一部分是要消耗的热量。因此，对于许多人来说，热量值成为一种困扰和折磨，而不是一个简单的计量单位。然而，不知道该高兴还是该遗憾，这些事情其实要比我们了解到的复杂得多。你有想过为什么有的人非常爱吃东西却十分幸运地不会长胖吗？而又为什么有的人为了恢复身材经历了种种惨痛的教训最终还是失败了？研究人员开始明白，热量并不能解释一切，它最多只能粗略表示出饮食中所含的能量。

如果只看热量的话，那么就会忽略掉许多其他的因素，比如复杂的消化过程、烹饪的类型、所烹饪食物的数量、肠道中的细菌数量及我们用于消化食物的能量，所有的这些都是很难计算的。因此，我们需要参考一些虽然已经过时但是十分巧妙的技术和方法。安托万-洛朗·德·拉瓦锡（Antoine-Laurent de Lavoisier）在18世纪末发明出了一种能够计算人体所散发热量的方法。拉瓦锡把这个方法用在了小白鼠身上，在采取了适当的预防措施的情况下，这种方法也可用于人类：志愿者在一个封闭的房间中待上24~48 h，可以睡觉、吃东西、解决生理所需及锻炼身体，与此同时，温度传感器会记录其散发出的热量，也就是燃烧掉的热量。如今，这些直接测热型测量仪大部分已被间接测热法所取代了，间接测热法的原理与直接测热型测量仪是相同的：通过测定代谢过程消耗的氧气量和二氧化碳量，我们就能推断出燃烧了多少热量。

那么，我们该如何确定食物中的热量呢？19世纪末，美国农业部负责人——化学家威尔伯·阿特沃特（Wilbur Atwater）做了一个可以载入史册的实验。他首先测出了4 000多种食物的热量值，然后找了一批志愿者，让他们分别吃掉这些食物，随后收集了他们的排泄物，并把这些排泄物烧掉，计测出其热量值。用食物的热量值减去排泄物的热量值，这样就计算出了人体吸收的净热量值。虽然现在已经没人再采用这种计算方式，但其实只要在一些数值上做出调整，这个结果仍然适用。

对营养科学的最新研究结果认为，一块带血牛排所提供的热量少于完全煮熟牛排的热量，食物经过烹饪后，能减少消化器官在吸收营养时的工作量。若我们的消化过程能分开消化烤制的食物和炒制的食物，这样就会更好吗？如果我们想从食物中获取更多的能量的话，这答案是肯定的。还有一些食物，比如种子，是不易被消化的，食用这样的食物，要考虑到人类之间存在着的巨大差异，这种差异既基于激素水平，又基于人类肠道中存在着影响食物摄入和吸收的微生物。2013年，华盛顿大学医学院的研究人员提取了一对双胞胎的肠道微生物，其中一个患有肥胖症，然后将这些肠道微生物注射到缺乏肠道菌群的豚鼠中，尽管这些豚鼠的饮食相同，然而注射了患有肥胖症的人的肠道微生物的豚鼠体重增加了，而其他豚鼠的体重并无变化。我们的肠道微生物群就住在我们的肠道之中，并且与我们共享美食。肠道菌群是我们真正的个人印记，它可以有很多变化，也决定着我们以何种形式消化并转换食物。不过这并不意味着当我们用一款应用软件去计算热量，去做加减法是没有意义的。亲爱的阿特沃特先生，您的热量指示表是有用的，可是计算能量消耗需要考虑的因素远不止那么简单。

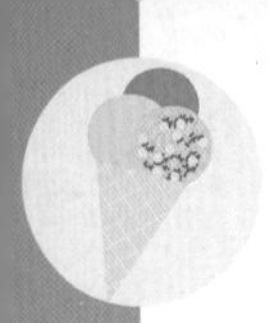

葡萄酒

——“葡萄酒就像是大地的血液”伽利略·伽利雷（Galileo Galilei）在一封信中这样写道，“葡萄捕获了阳光，把阳光酿成了美酒，多么令人惊叹啊！”

——“想象一下，一排排的葡萄藤上挂着一串串葡萄，他像一个专业的酿酒师，精心修剪着葡萄藤的枝条和卷须，正是那葡萄酿成了美味的伽利略红葡萄酒。”

温琴佐·维维亚尼（Vincenzo Viviani，伽利略的学生）在《伽利略的一生》（*Racconto istorico della vita di Galileo*）中这样描写道。读着读着，我把他笔下的葡萄酒庄想成了托斯卡纳大区托里切拉（La Torricella）附近的那些葡萄酒庄。托里切拉是一处独特的小村庄，位于锡耶纳和佛罗伦萨之间的基安蒂地区，为杰出的葡萄酒生产商瑞卡梭利（Ricasoli）家族所拥有，大约400年前，他们正是在这里招待了流亡的伽利略。

◉ 葡萄酒味道变了，巴斯德先生，请帮帮我们！

类似于葡萄酒这样的发酵产品，最早可以追溯到公元前6000年，如今的伊朗。但毫无疑问，葡萄酒的生产技术是由希腊人和罗马人完善的。在伽利略的时代，法国得益于其港口，尤其是法国的波尔多市，成为最大的葡萄酒生产国和出口国。然而遗憾的是，不知出于何种原因，葡萄酒经常变质：不仅仅是在横渡海洋期间，葡萄酒无法妥善保存，连在葡萄汁的发酵过程中，也会有大量的葡萄坏掉。在19世纪中叶，拿破仑三世（NapoleoneⅢ）担心法国葡萄酒的品质，便叫来法国里尔大学的化学家路易斯·巴斯德（Louis Pasteur）来解决这一问题，因为巴斯德多年来一直与索邦·克劳德·伯纳德（Sorbonne Claude Bernard）等生理学家致力于发酵的研究。

巴斯德对葡萄酒很熟悉，他非常了解汝拉省（Giura）的葡萄酒种植者，因为他们家族就来自该省的一个名叫阿尔布瓦（Arbois）的村庄，他也在那里建立了实验室。人们都知道酵母在酿酒过程中所起的作用，知道几种不同的发酵类型——从乳酸发酵（乳酸中乳糖的转化），到酒精发酵（葡萄的糖分或面粉的糖分中产生酒精），再到醋酸发酵（葡萄酒中的乙醇转化为醋酸）。

巴斯德在显微镜下观察所有这些发酵过程，并发现这些过程都要依赖于活微生物，而葡萄酒的变质正是由于不同种类微生物的相互竞争造成的。这些研究不仅是微生物学和生物技术历史上一座重要的里程碑，最重要的是，这些研究成果让巴斯德所谓的**细菌理论**真正建立起来了：人类的疾病也和葡萄酒的变质一样，可能源自真菌和细菌等微生物的影响。尽管巴斯德未弄清楚一切，因为他尚不知道某些酶在发酵过程中所起到的作用，但是至少让发酵过程变得越来越清晰了。

著名的巴氏消毒法，正是以巴斯德的名字命名，是让食物在高于60℃的温度下保持一段时间，以消灭可能扩散并能导致健康或感觉器官出现问题的有害微生物。1865年5月1日，巴斯德在一个满座的大厅里，向法国科学院介绍了储存和改良葡萄酒的切实有效的方法。如今，就酿造葡萄酒而言，一般不会采用巴氏消毒

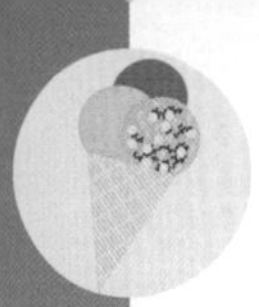

法了，而是倾向于采用其他卫生条件更好，或者添加了杀菌物质（如二氧化硫）的灭菌技术。然而，这些微生物及酵母在发酵过程中的作用仍然是许多研究的焦点。

一篇最近发表在《自然》杂志上的文章说明了发酵过程是如何产生一系列副产物的，这些副产物又根据酵母的不同来源而变化，从而对葡萄酒的风味和香气产生重要影响。因为巴斯德，酿酒技术已从实践经验转变为了科学知识，酒窖成为名副其实的实验室。

⊙ 葡萄酒越陈越香吗?

你更喜欢年轻人充满活力的热烈与新鲜，还是老年人富有经验的稳重与成熟？这得视情况而定。葡萄酒也是同样的道理，不是每种葡萄酒都能随着时间的增长而提高品质，也不是每种葡萄酒都能长久保存，这取决于许多特征：取决于抗氧化剂和防腐剂的存在，但尤为重要的是葡萄酒在其酒体、酒精、酸和单宁（一种酚类化合物）之间的平衡。一款优质的葡萄酒越陈越能获得柔软的口感和漂亮的酒色，但如果放置得过久，其中所含的酒精和其他特性又会被消耗掉。

葡萄酒之所以有颜色，得益于一种称为**花青素**的水溶性色素。随着时间的流逝，这些色素分子会与单宁发生反应，这不仅会影响葡萄酒的颜色，还会影响酒体、味道和香气。单宁的含量可能从白葡萄酒中的每升几十毫克到红葡萄酒中的每升2~3 g。如果单宁与花青素反应，会产生沉淀——这也是陈年老酒的象征，从而降低葡萄酒的苦味并改变其颜色；如果葡萄酒持续陈放，花青素带来的红色就会消失，仅残留褐色的单宁。相反，白葡萄酒的淡绿色是由叶绿素和槲皮素带来的，但最主要是槲皮素，随着葡萄酒放置时间的延长，槲皮素会氧化并变成褐色。

经验告诉我们，若要保存葡萄酒，就需要一个温度恒定在8~15℃的阴凉酒窖。酒瓶在不透光的环境中要远离紫外线，因为紫外线能够促进化学反应的发生，从而改变酒的品质。

正如巴斯德通过他的实验所了解到的那样，在酿造葡萄酒的过程中，氧气起着至关重要的作用，既有好的作用也有坏的作用：一方面，氧气促进了有害微生物的生长，但另一方面，它又能消除新酿葡萄酒的酸度和涩味。巴斯德做过一个实验，他比较了两瓶新酿酒的变化过程，一瓶放置于没有空气的密闭容器中，而另外一瓶则暴露在空气中，并配置有一个软木塞（为了避免外部感染）。实验发现，过一段时间后，第一个容器中的葡萄酒没什么变化，而第二个容器中的酒有了一种陈年老酒的特点。葡萄酒放置于木桶之中，其氧化作用不仅可控、有益，木桶所用的木材还能增添单宁，从而使酒体散发出令人愉悦的香气。把葡萄酒装瓶后，由于瓶内的氧气十分有限，所以酒不会受到氧化，直到开瓶，把酒倒入酒杯中，酒中的芳香成分才会再次与氧气相接触。

葡萄酒的生产涉及许多需要注意的知识点。随着对酿酒过程中所发生的一切越来越了解，人们可能会为了自己所期望的葡萄酒，而在酿制过程中去采取某些干预措施，甚至有些根本是不必要的。

在过去，如果当年天气阴冷多雨，那么想酿造出一款口感醇厚浓郁的葡萄酒几乎是不可能，人们只能寄希望于来年的好天气。如今，通过一些技术手段可以干预和改变葡萄酒的质量。我们知道，酵母能利用葡萄中的葡萄糖和果糖来产生酒精，而每升酒中必须含有17 g糖才能产生1%的酒精。我们可以用密度计来测量未发酵葡萄汁的含糖量，同时也能预测发酵后的酒精含量。

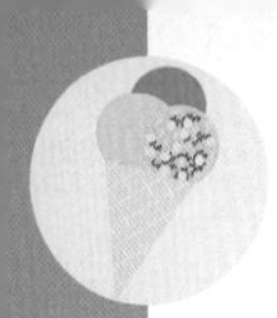

但是，我们也可以改变未发酵葡萄汁的密度，通过去除其中的水分来获得所需的酒精含量，如果酒精浓度过高，可以将其浓缩或稀释。

在发酵过程中，我们可以用烘烤的橡木屑来调整酒的香味，也可以通过添加蛋白质来增加葡萄酒的结构感和柔软度，甚至改变其颜色。如果葡萄酒的酒体轻，那么加一点甘油就足够了；如果香气不够浓郁，可以加一点芳樟醇；如果想得到勃艮第经典的香气，只需少量的乙基苯酚即可。这是否意味着运用化学就能解决一切问题？答案显然是否定的。

我想到在瑞卡梭利男爵的葡萄庄园中修剪并绑扎葡萄藤的伽利略，我想到那些仍然相信并在田地里生产“真实”和“纯粹”葡萄酒的人。并不是每一个年份都是完美的，自然葡萄酒也不总是完美的。酒窖和酿酒师需要把葡萄的品质发挥到极致，但我认为，葡萄酒的优雅、纯度、复杂性和丰富性，都得从原料、传统及饮酒人那里获得。

◎ 超级侍酒师这样说

葡萄酒带给我们感官的特点是环境因素、遗传因素和葡萄栽培技术共同影响的结果。侍酒师是知道如何为葡萄酒发声的人，是会讲故事的人。如果你遇到了一位**超级侍酒师**，一位世界级的侍酒师，就我的经历来说，他只用简单的几句话，就足以让你以一种不同的方式来品鉴这款葡萄酒，让你仿佛来到了一种通感的体验中心。

我的一位好朋友，卢卡·马蒂尼（Luca Martini），他获得了全球侍酒师协会（Worldwide Sommelier Association）颁发的“2013年度世界最佳侍酒师”称号。他经常对像我这样的新手说一些让人意想不到的动人的形容词，而不是含糊不清地说那些谁也不知道是什么的“草本植物”或“甲氧基吡嗪”。用语是十分重要的，比如你更喜欢“在一处能闻到蜂蜜和玫瑰芳香的地方喝葡萄酒”，还是喜欢“在能感受到苯乙酸（蜂蜜）和苯乙醇（花味）的地方喝葡萄酒”？对于答案，我毫不怀疑。有些工具可以帮助我们辨别分子的气味，甚至能辨别连最好的**品味者**都辨别不了的味道，但是没有一个嗅觉仪能够像出色的侍酒师那样让我们有品尝的体验，这就是不可避免的主观因素，因为人不是测量工具。

但是，如何才能成为一个超级侍酒师呢？对于我提出的这个问题，马蒂尼笑了。他回答说：“你不需要非凡的技能。当然，虽然不用什么非凡的技能，但也需要认真地准备。”一个侍酒师如何才能获得世界冠军呢？他接着说：“在最后一个准备阶段（大约6个月之前），我每天早晨空着肚子醒过来，待一段时间完全清醒之后，我要在1h内品尝20种不同的葡萄酒，并用3min收集所有的信息，从葡萄的种类到酒的年份。在这方面，需要多年的时间在头脑中巨细无遗地建立一个香味图书馆，在需要时，打开并使用它。每种体验、每种原料、每个地方都能收集到气味。”

那么，该如何品尝葡萄酒呢？第一步是观察。第一阶段也就是戈登·谢泼德（Gordon M. Shepherd）在其《神经病学》中所称的“头部阶段”——侍酒师观察葡萄酒时就会形成一个想法，在他的想象、记忆和所见的基础上，建立起一种期望。对于世界冠军来说，第一个阶段可以为他提供60%的信息。把酒杯举到与视线平行处，倾斜酒杯来观察葡萄酒的色调，然后慢慢地晃动酒杯，让酒更贴近杯壁，酒在杯壁上形成的“拱形”痕迹能告诉我们葡萄酒的黏性，“拱形”的痕迹越密集并且下降得越慢，该葡

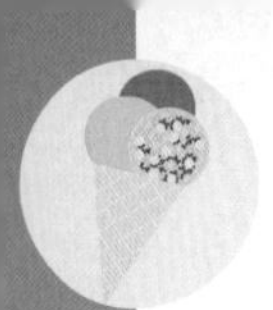

萄酒的结构性和酒精度就越高。

2001年，波尔多大学的弗雷德里克·布罗切特（Frédérick Brochet）在《大脑与语言》（*Brain and Language*）杂志上发表了一篇题为《气味的颜色》（*The Color of the Odor*）的文章，在文章中，他解释了他是如何请54位专业侍酒师品鉴两杯葡萄酒的——一杯是红葡萄酒，一杯是白葡萄酒，他们不知道这两杯酒实际上来自同一瓶白葡萄酒，而显示出红色的那杯白葡萄酒只是被上色了。大部分侍酒师都失败了，把这杯白葡萄酒当作了红葡萄酒对待。可见，视觉是如此的重要，它会影响我们其他的感官。

观察之后的第二步，静静地品闻：葡萄酒最初的香气几乎会立即与氧气接触，如果能成功地捕捉到这些香气，你便可以知道这杯葡萄酒是否有瑕疵。接着晃动酒杯，让葡萄酒释放出其所有的挥发物质，然后再闻。侍酒师能够识别出各种气味，但不是根据其中的化学名（酒精、酸、脂肪、酮、酯、萜烯等）来进行解读，而是根据所散发出的天然气味（芳香、果味、辛辣、草本、烘烤、矿物质）来进行识别。

在这一阶段发生了很多故事：把酒倒出来后，最先散发出来的香气是**一级香气**，由最轻最小的分子构成，这些香气能让人联想到花朵和果实。这些香气来自葡萄，来自各种葡萄。然后散发出来的是发酵后产生的二级香气——发酵桑娇维塞（Sangiovese）葡萄和发酵布鲁奈罗（Brunello）葡萄所得到的香气可是不一样的（这两种葡萄虽为同一个品种，但由于种植地区不同，所以口味上有所差异）——这里指的是草本植物、成熟水果和矿物的气味，是在晃动酒杯之后散发里出来的。最后散发出来的三级香气，又叫陈年香气，是由沉在酒杯下部的较沉分子产生的：这部分香气来自木桶和香料，与在无氧环境下成熟的葡萄酒有关。

到了最后一个阶段——品尝。你能依次体会到咸味、甜味、酸味和苦味。这是一个体验感非常丰富的阶段，侍酒师喝到葡萄酒后，在嘴里转动并氧化，然后在他吞咽的那一刻，反馈到的信息也从鼻后腔传来，这就是所谓的**口感**。所有的这些感觉再加上触感，就像由于单宁与唾液蛋白发生反应从而导致唾液分泌减少（在有些情况下甚至会导致脱水），从而带来干燥和粗糙的感觉。

在这一切中，酒的另一种非边缘化的特征是借由酒杯表现出来的：酒杯的造型影响了酒的滑动，这一点还取决于酒杯的类型。一切都需要依从于品酒这一行为。大玻璃杯适合于香气复杂、分子较重的陈年葡萄酒；较小的更适合香气淡淡的新酿葡萄酒。气体分子在空气中扩散的速度取决于杯子的开口直径及葡萄酒的自由表面，我们可以通过晃动杯子来增加其表面的自由度。对这类香气及强度的感知，与其液面上的体积，也就是所谓的**顶部空间**有关：在顶部空间能闻到所有收集到的香气，一个都不会溜掉。但是，除了这些描述、香味、酒杯和出色的年份之外，若是没有喝醉，那么这葡萄酒再好，也绝不会是品质最佳的葡萄酒……超级侍酒师是这样说的。

⊙ 我们来做啤酒如何？

从中国青岛国际啤酒节到德国慕尼黑啤酒节，在这里，你总能找到一款适合你的口味及一个你喜欢的场合。无论你在哪里喝啤酒，都不要一个人喝。啤酒是最好的社交润滑剂之一：它既是天赐的琼浆，也为越来越多的名门贵族所欢迎。2011年，美国总统奥巴马也为自己酿造了一款手工啤酒，白宫蜂蜜麦芽棕啤酒

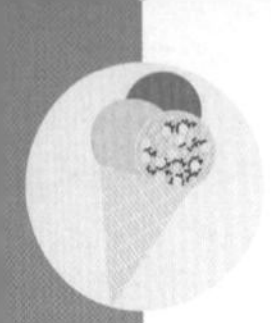

（White House Honey Ale），但现在这款白宫蜜酿的配方已不再是什么最高机密了。

该怎么做啤酒呢？啤酒的90%是水，剩下的是矿物质，比如钾和镁，以及维生素B_2和B_3。基于啤酒的类型不同，在氨基酸、碳水化合物、纤维和酒精的含量上所占百分比也各不相同，其热量含量也很低，但人们也要避免摄入过多。和葡萄酒一样，酵母等微生物菌群对啤酒酿造也起着至关重要的作用，这都要归功于巴斯德将他的研究从形而上学领域转移到了生物学领域。要酿造出优质的啤酒，需要结合方法、工艺、科学及多种技术，需要进行一系列复杂的化学反应，而这些复杂的化学反应都是从4种简单成分（大麦、水、啤酒花和酵母）开始的。

在第一个阶段，从大麦中萃取出糖，该糖类会在之后的发酵阶段与酵母发生反应。在做葡萄酒时，葡萄自身就含有可用于发酵的糖。大麦中仅含淀粉，淀粉是一种多糖，必须将其水解才能获得酵母所需的营养。所以，我们需要把麦粒放入水中，使它们发芽。这个过程激活了能水解淀粉的酶，将淀粉转化为有利于麦粒发芽的糖。随后，将麦芽（发芽的大麦）放入烤箱中慢慢干燥，杀死胚芽，从而阻止其继续生长。在此阶段还会产出第一批化合物，这些化合物使啤酒具有颜色和香味。如果我们想酿造黄色的淡啤酒，需要在80℃的温度下干燥麦芽。如果温度更高的话，就会引起其他的反应，比如糖的焦糖化或者糖与氨基酸之间发生的美拉德反应。总之，温度越高，散发出的热量就越高，而麦芽就会越糊，其香气也越浓。

将干燥的麦芽磨成粉，放入锅炉内，与水混合（水是啤酒的基本原料），直到混合成质地均匀的“醪液”。然后将该混合液煮沸，过滤，将麦芽渣分离出来。接着加入啤酒花，啤酒花能使啤酒具有独特的苦味，而且其中含有的油脂和单宁酸也能起到消毒和稳定成分的作用。

麦汁冷却后，就进入了发酵阶段。在发酵阶段，由于酵母的作用，糖被转化为了酒精和二氧化碳，最终啤酒得以被酿造出来。而酵母又有两种类型：**酿酒酵母**（Saccaromyces Cerevisiae）和**卡尔斯伯酵母**（Saccaromyces Carlsbergensis）。前者在15~25℃的温度下反应，适用于上层发酵啤酒，即所谓的**艾尔啤酒**（Ale），这种酵母不会将所有的糖都转化为酒精，能够让啤酒具有甜味和水果味。**卡尔斯伯酵母**所需的反应温度为5~8℃，适用于下层发酵啤酒，即所谓的拉格啤酒（Lager）。在发酵过程中，该酵母还会产生许多芳香族化合物，比如酯使啤酒具有果味，而酚使啤酒具有辛辣和熏制的口味。

发酵完成后，将啤酒存放在专门的罐子中数周，使其在罐子中完成澄清、精炼并且稳定成分的所有步骤，之后便能开罐取酒了。即使是在最后一个阶段，也就是罐装时，同样需要十分细致，因为从包装完成到下一次开罐，往往需要几个月的时间，而在这个过程中，必须要保持啤酒的所有特性。啤酒的质量和价值永远不会随着时间的推移而提升。

除了**艾尔**和**拉格**两种类型的啤酒外，还有一种啤酒，来自比利时这个酿酒传统悠久的国家，是一种非常受欢迎的小众啤酒，这种酒利用产区空气中存在的某些特定酵母菌群进行自然发酵。拉比克（Lambic）啤酒就是这种啤酒的代表之一，它是比利时首都布鲁塞尔及其西南方的帕杰坦伦（Pajottenland）地区的一种稀有啤酒品种。

除了口味之外，判断啤酒质量的另一个特征是啤酒泡沫。一般来说，当气体分散在液体中或者固体中时才会产生泡沫，比如在制作卡布奇诺咖啡时，如果牛奶中灌入了蒸汽，就会产生明显的奶沫。就啤酒而言，其气体主要是由于发酵产生的二

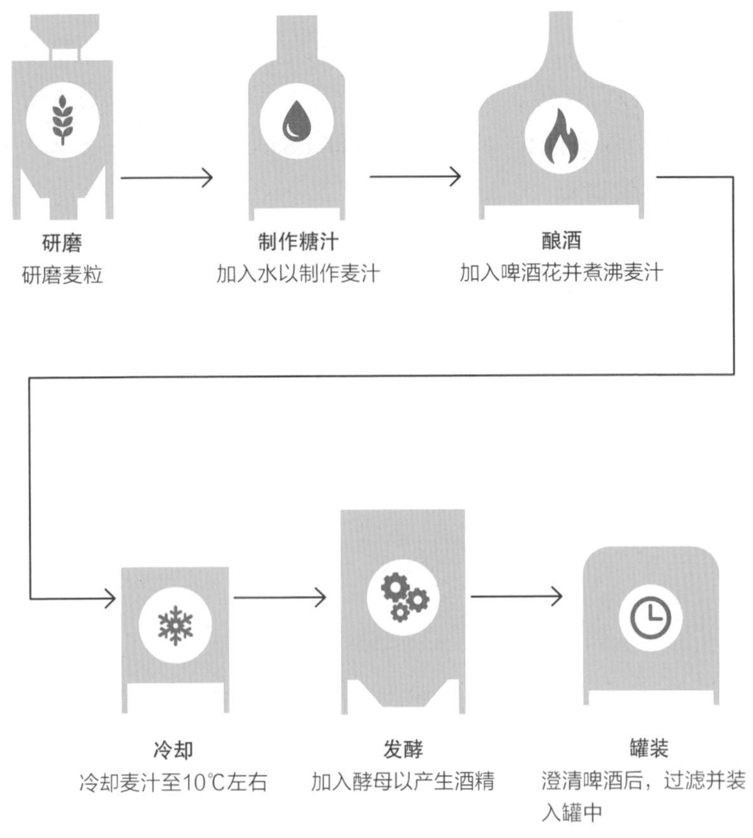

↗ 制作啤酒的步骤

氧化碳。而某些啤酒，比如爱尔兰黑啤酒，在出酒过程中还使用了高压氮气，氮气不会溶解于啤酒中，但它有助于让泡沫更加滑腻。

正如我们所看到的那样，为了能在啤酒这种液体中形成泡沫，表面活性剂是必需的物质。啤酒中的表面活性剂是麦芽蛋白，其中包括大麦芽碱和LTP1（lipid transfer protein 1：脂质转运蛋白1），这些物质能形成泡沫并使泡沫稳定。想知道啤酒的质量如何，只需观察酒杯中泡沫的状态及其持久性即可。酒杯不干净、有油污或者温度不对，都有可能改变泡沫的状态。如果温度过低，泡沫就很少；温度过高，泡沫又会过多，拉格酒尤其如此。而对于英式艾尔啤酒来说，其罐装过程是在较低温度下进行的，并且从麦芽中提取的蛋白质较少，所以这种啤酒几乎没有泡沫。

啤酒若是没有泡沫，也就失去了保护，它将彻底暴露于氧气之中，这会改变其许多特性：想想去皮的香蕉暴露于空气之中会发生什么。除此之外，与人们所料想的不同，啤酒的泡沫其实帮助我们减少了喝啤酒时所摄入的二氧化碳，从而避免了恼人的饱腹感：这是因为多余的二氧化碳不会溶于液体中，而会上浮于表面，形成经典的白色“帽子”。与此同时，还有一个看上去自相矛盾的点：有泡沫的罐装啤酒中的啤酒量要多于没有泡沫的罐装啤酒。你可以简单验证一下：取两个相同的杯子，装满啤酒，一个盛有泡沫，另一个不盛泡沫；在两个杯中分别垂直放入一把小刀，你会发现没有泡沫的酒杯会释放出更多的二氧化碳。气泡冒完之后，你会发现之前没有盛泡沫的杯中会出现更多的泡沫，而另一杯基本没有变化。

啤酒最后的这个与泡沫有关的特性，与我们的直觉完全相反，当我们把啤酒倒入酒杯中时，就可以观察到这一特点：有的时候，气泡会下沉而不是我们所预想的上升（因为气体比液体轻），而这种现象在某些类型的啤酒中尤其明显，比如吉尼斯黑啤酒。或许成为啤酒大师的秘密就在于制作出反物理定律的产品？事实并非如此。斯坦福大学和爱丁堡大学的研究人员给出了科学的解释，并为那些怀疑的人提供了模型和模拟实验，其实这个道理十分简单：如果气泡在杯子的中间部分而不是在杯壁，那气泡就更容易上升。而气泡一边上升，一边带动中央的啤酒液

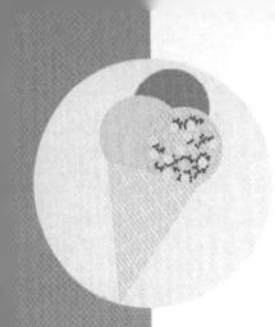

1.在酒杯的中心，气泡不受出现在边缘的流体阻力影响，因此会迅速上浮。

2.泡沫在啤酒中心向上流动的同时会裹挟着啤酒，而当其到达液面时，向四周扩散。

3.啤酒顺着杯壁向下流动，其下行时的力量足以裹挟着泡沫下沉，尤其是像“顺畅（SMOOTHFLOW）”这种含氮非常少的啤酒，因此便产生了泡沫下沉的现象。

↗ 为什么啤酒泡沫会向下沉

体，然后气泡到达表面之后，又沿着杯壁下落，与此同时产生了更小的气泡，仅此而已。

好了，要一起喝杯啤酒吗？但是在喝之前，记得观察一下：泡沫是在上升还是下沉。

·厨房实验室·

纸上烹饪

显然，这是维多利亚时期最常见的精彩魔术表演之一：将纸袋中的水煮沸。是不是觉得不可思议？因为如果把纸杯放在火上的话，纸会被点着的。纸燃烧的温度是451℉（约233℃），雷·布莱伯利（Ray Bradbury）有一部小说就叫《华氏451度》（*Fahrenheit 451*）。布莱伯利在该书中指出，纸大概在230~250℃燃烧。而如果是在明火之上，所能承受的温度还会更高，所以，如果你发现自己找不着锅了，可以用一个纸杯来烧开水……

需用物品：纸杯、水、蜡烛、炉子、小气球、钳子、温度计。

具体步骤：纸杯里装满水，放在炉子上或者放在蜡烛旁边，使容器可以与火接触。随着水温的慢慢升高（你可以用温度计随时查看温度的变化），杯子会开始变黑，但不会被点燃。为什么呢？这是因为水的比热容大，吸热效果好，也就是说，水需要很多能量才能提高一点温度。一旦达到了沸腾温度，液态则会开始转变为气态，只有在水被完全蒸发后，纸杯的温度才会升高，也正因如此，纸杯在这过程中还达不到使自身燃烧的温度，即比水沸腾时高得多的温度。同时，由于燃烧，烟在纸杯的外表面会留下黑色的印记。关于这个实验还有一个载体，即用一个内部装有水的气球：如将该气球的积水部分放置在火焰上，你会发现，虽然在这一接触点上会发黑，但气球并不会爆炸。

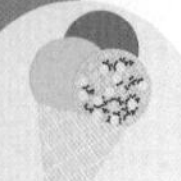

·厨房实验室·

盐冰激凌

冰激凌的起源是什么，这很难说。也许起源于一个天真的行为——一点盐撒在雪地上。根据传说，冰激凌是佛罗伦萨一个鸡贩的发明，因为他的这一创造，卡特琳娜·德·美第奇（Caterina de'Medici）及她的丈夫法国国王，乃至整个法国宫廷，都十分高兴。也有人说，这个冰激凌的发明者其实是为卡特琳娜王后服务的一个炼金术士，如果真是这样，那他当然会对制冷溶液和制冷混合物十分了解。实际上，制作冰激凌只需一小撮盐和一点冰就足够了。小时候，当我偶然发现这个"秘密"之后，它改变了我的夏天。而且也因为这一发现，我在我的小伙伴们面前，成为一个伟大而值得尊敬的冰凉魔术师。

需用物品： 汤匙、茶杯、糖、牛奶、香草精、盐、小密封袋、大塑料袋、装满冰块的大袋子、毛巾或烤箱手套、时钟。

具体步骤： 将一小勺糖、半杯牛奶和一小撮香草精（冰激凌的成分）放在小袋子里，把袋子封起来。往大袋子里装满碎冰块，再加入盐（盐与冰的比例大约为1∶3）。然后把小袋子放进大袋子中，确保两个袋子都是封好的。接着用烤箱手套或毛巾把大袋子拿起来，摇晃至少5 min。再等几分钟之后，你就可以享用美味的冰激凌了。

这个方法的秘诀在哪里呢？秘诀就在水、冰、盐的冷却混合物。在冬天，人们会把盐撒在街道上，以此来降低结冰点，从而防止沥青路变成滑溜溜的冰面。冰盐系统包含了2种固相和1种液相（这种液相就是指盐溶解于水的状态，而这里的水就是由冰融化所得的）。但是在室温之下，此三相不能共存。为了达到平衡状态，该系统应处于单一均匀的液相（即水和盐的溶液）状态，因此，液相就开始形成：冰融化变成水，然后盐溶解于水中。冰融化是从环境中吸收热量（吸热反应）从而降低系统温度的过程，冰会持续融化，直至该系统的温度降到约 -21℃。在这一温度下，这三相（冰、盐、水盐溶液）才会处于平衡状态。同时，在如此低的温度下，我们装在袋中的混合物就变成了美味的冰激凌。

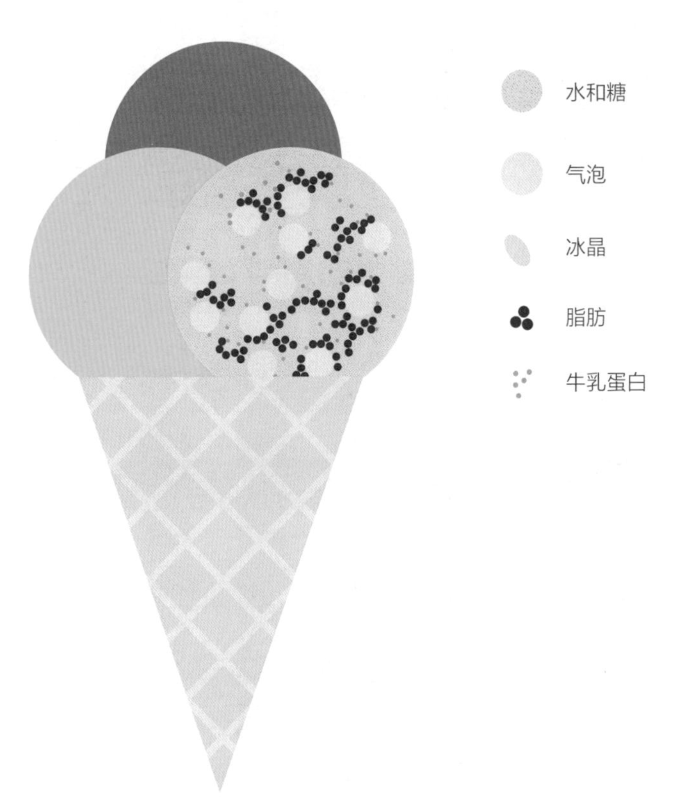

冰激凌是一种半固态的泡沫

混合所有成分之后，混合物便开始冻结，在冻结的过程中形成冰晶，并在富含糖和牛乳蛋白的液体中浓缩其余的混合物。混合时产生的气泡由聚集的脂肪小球来稳定。

第四章
未来的烹饪

世界的改变

——“你听说过欧洲云杉（Old Tjikko）吗？”

我还以为是某个调酒大师最新调制出的鸡尾酒的名字。

当时，我们正身处于一处美丽的云杉林中，我的向导突然停下，仔细观察着一块灌木丛，她蹲在地上问了我这个问题。

——“那是一棵有5 m高的云杉，生长在瑞典南方一处高原保护区，这是世界上最古老的一棵树，已有近1万年的历史了！你知道吗？在大约1万年前，当人类开始耕种这片土地时，这棵小树苗就已经从地面上冒出来了。”

我的向导收集到的关于这棵万年杉树的历史让我相当着迷。当她摘下它的一簇叶子时，我像一个勤奋的学生跟着老师一样，跟随着她。

——“明天我要做云杉饼干！这是我的食谱，你们也可以记一下。需要500 g纯小麦的00号面粉、半茶匙小苏打、230 g黄油酱、200 g砂糖及一些云杉的叶子。首先要将这些叶子在低温下干燥，待其冷却后将其粉碎。

同时，混合面粉、小苏打、黄油酱和糖，再添加少许云杉叶粉，继续揉。然后将面团放置在冰箱中冷藏30 min，再把面团取出来擀开，根据需要切成不同的形状。最后在170℃的烤箱中烤制10 min，你瞧：你能尝到云杉的味道。每次闻到这个味道，你就会有回到那里的感觉。”

接待我的女孩叫伊莱恩（Elaine），她在桌子上放了一个碗，里面装满了又肥又黑又干的块状蠕虫：**可乐豆木蠕虫**（Mopane Worms），这种蠕虫以**可乐豆木**（*Colophospermum mopane*）的叶子为食，可乐豆木是一种非常有营养的豆科植物。可乐豆木蠕虫是一种富含蛋白质的虫子，对于纳米比亚这些由沙漠和干旱组成的国家来说，它是一种十分珍贵的食物；这也是许多非洲国家或地区典型的乡村饮食，伊莱恩是这样向我解释的。我到纳米比亚的蒙地萨已经有几天了，我穿越了沙漠与海洋之间的纳米比亚索韦托，我绝不会因为这不同寻常的“蠕虫沙拉”而冒犯招待我的主人，而且，在我征服它之前，我也绝不离开。所以，我把一只蠕虫放进了嘴里，用紧闭的牙齿咀嚼着它：我几乎完全嚼烂了，吃起来就像皮革似的，有辛辣的味道。这是我人生一次少有的吃蠕虫体验。

在这个不断变化的世界里，人类对食物的需求增加了，而所拥有资源却减少了，某些粮食需要可持续的生产，我们应该考虑更加长远的发展，昆虫就是一种可重点关注的食物。但除此之外，我们还有更多可探索的空间：野菜、藻类、水母、合成肉及地球上能够食用的一切，或者我们可以在实验室中创造出那些广受欢迎的食品的替代品。

“可能地球上的任何一种营养来源都被人类吃过——昆虫、泥土、蘑菇、地衣、藻类、死鱼、根、芽、茎、树皮、芽、花、种子、植物果实，以及每种动物身上的每个你能想到的部分。”[麦克·鲍兰（Michael Pollan），《杂食动物的悖论》（*Il dilemma dell'onniroro*）]这种适应食物的能力在我们的进化中起到了决定作用，并且让我们能一直以一种行之有效的方式处于领先地位，这正是鲍兰所说的“杂食动物的悖论”。

◉ 幼虫时代

这是我十几岁时的一个噩梦：在我早晨醒来后，发现自己像卡夫卡（Kafka）《变形记》（*Metamofosi*）的主角格雷戈尔·萨姆萨（Gregor Samsa）一样，变成了一只蟑螂。我知道我不是唯一一个做过这样噩梦的人，并且我认为自己对昆虫的不满情绪也是从那个时候开始的，就像现实和想象：如果真的食如其人，拜托不要往我的嘴里放蟑螂！

我知道，这一切都是我的想象。因此，鉴于此事的可笑程度，我更喜欢引用那些对烹食昆虫毫不畏惧的人所说之话，他们有着专业的职业素养，有着主动的热情，朱利亚（Giulia）——Entonote（恩托笔记，一家有关食品与科学的组织）的创始人，一位食虫专家，她说："要解释昆虫的味道并不容易，这取决于昆虫的生长方式及烹饪方式。第一次往嘴里放一只活幼虫时，你会感到脊椎发凉，就像吃了一个松子味的小奶油泡芙。我发现幼虫是最美味的昆虫之一，任何烹饪方式都会让它味道变差。不过，人们食用的昆虫种类繁多。蚂蚁吃起来很甜，臭虫的味道像苹果，蝗虫有一些草本植物的味道。蟋蟀干燥后淀粉含量减少，吃起来有一种杏仁的味道；把蟋蟀炒熟，略带一丝油，就有一种香葱、大蒜或其他香料的香气，让人想起海鲜；如果烤蟋蟀的话，它会具有典型的美拉德风味，是混合了鸡皮和培根的味道。"

除了那些以食虫为职业的人，或者出生于有食虫文化背景的人之外，还有一些十分具有男子气概或至少具有一种令人骄傲的冒险精神的人，作为接触食虫的新人他们不顾一切地在柬埔寨品尝油炸塔兰图拉毒蛛，或者在墨西哥瓦哈卡的大街上品尝炸蝗虫。

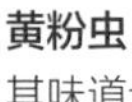

蛋白质：20 g
脂肪：13 g

黄粉虫
其味道让人想到榛子和虾。
可以煮、炒、烤和炸。

蛋白质：9.6 g
脂肪：5.6 g

蚕蛹
不仅能用于丝绸的生产，食用也绝佳。
油炸后它会膨胀并变成棕色。

蛋白质：16 g
脂肪：29 g

米勒巨蛾幼虫
原住民的食物，可生吃或者烤制。
煮熟后有种烤鸡肉的味道。

蛋白质：12 g
脂肪：2.6 g

蝶翅目幼虫
南非的美味佳肴，每年食用约95亿个幼虫。

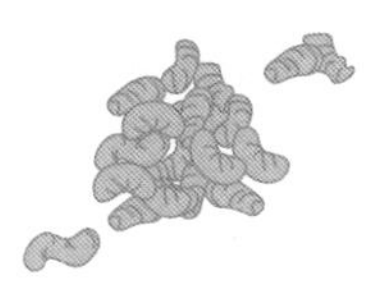

蛋白质：14 g
脂肪：4 g

蚂蚁卵
也叫作“彝斯咖魔”，或者昆虫鱼子酱。
在墨西哥通常用于墨西哥煎玉米粉卷的填充物。

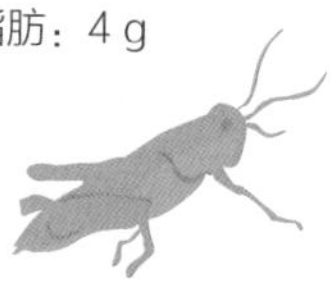

蛋白质：30 g
脂肪：3.8 g

蚱蜢
是典型的墨西哥美食，即众所周知的“炸蝗虫”。口味与大虾相似。

➚ 每100 g昆虫的蛋白质含量及脂肪含量

食虫性是指一种以昆虫为食的特性，在欧洲很难发展。虽然目前食用昆虫市场小众，但昆虫正渐渐成为一种可行性替代品食物，或者说是作为我们饮食的一种有趣的补充。2017年的夏天，瑞士成为大型零售商引入以昆虫为基础的食品的第一个欧洲国家，面包幼虫、蚱蜢和蟋蟀变成了可放心食用的肉丸和小汉堡，最后出现在了一家知名大型连锁超市的货架上。这个想法并不新鲜：在19世纪，昆虫学家文森特·M·霍尔特（Vincent M. Holt）就提议将昆虫引入英国和法国的美食菜单中，并写了一本有趣的书，书名为《为什么不吃昆虫？》（*Why not Eat Insects?*）（1885），其中附上了以昆虫为原料的食谱，以及一系列关于为何要让昆虫餐出现在我们餐桌上的明智考虑。

我们还没有意识到，其实有很多的人都致力于推广食虫文化。在蠕虫、蝗虫、蟋蟀和麦皮虫中，大约就有2 000种被记录可用于食品用途，并被20亿人以各种形式收集、烹饪并食用，这些人生活在非洲、亚洲、美洲甚至欧洲的大约100个国家中。面对人口的持续增长，到了2050年，人口预计将超过90亿，而根据集约化饲养的环境成本数据，以及用于养殖的土地面积和资源数据来看，就连联合国粮农组织也一直支持着食虫文化在越来越多的地区发展，特别是在那些本来就存在食虫文化的地区。

昆虫富含蛋白质，拥有人类所有必需的氨基酸，并含有不饱和脂肪，例如奥米茄–3（Omega 3）、一些维生素和矿物质。但是，除了丰富的营养价值（使它们可成为肉类的有效替代品）之外，我们更偏向于将一捧蟋蟀类比成一把葵花籽而不是一份牛排；尽管它们具有相同的蛋白质和许多其他的营养素，但它们于我们的感官特征，也就是我们在其化学特性和物理特性上的感觉，却大不相同。不过如果这种烹饪方式能够得到广泛传播，那么无论是在环境上还是经济上，都将进入一种可持续发展模式。

实际上，昆虫是异温动物，也就是说，它们会根据环境的温度来改变它们自身的体温，它们只需很少的能量就能升温，并且可以将其摄入的几乎所有食物转化为体重：牛增加1 kg的体重需要提供8 kg饲料，而昆虫2 kg就足够了。昆虫的水消费量也非常低：1 kg的蟋蟀只需不多于1 L的水，而牛平均每千克就需要1.5万升水。此外，还可以用食物残渣来饲养昆虫，并且昆虫不会产生任何垃圾，这样对减少废物产量也起着积极的影响。如果我们不希望昆虫出现在我们的餐桌上，我们可以将它们用于农业生产和用作水产养殖的饲料。毕竟，许多动物正是以昆虫为食。但是，关于昆虫可能会造成的影响及其自身的食用性，我们都还缺乏系统的数据。这意味着我们仍须谨慎行事。

有一些国家，例如英国、比利时和荷兰，它们其实一直以来都比欧洲其他国家更接近食虫界，我们也必须承认，除了某些国家的法规和偏见之外，昆虫一直都出现在我们的饮食中。

据估计，我们每个人每年都会吃到大约500 g的昆虫，有的是作为食物的昆虫，有些是在呼吸之间不小心进入我们体内的昆虫。即使在包装食品中也不可避免地会发现昆虫的痕迹，面粉及其衍生物、所有如可可粉和咖啡粉的粉末及果酱，都是最容易出现昆虫的食品。美国食品药品监督管理局（FDA）规定了食品中昆虫碎屑的容许上限：每50 g产品中不得超过50个昆虫残余。美国是第一个实行了类似限制的国家，而欧洲对昆虫的“污染”则没有那么谨慎，毕竟昆虫的腿、翅膀和触角都不会对我们的健康造成太大的伤害。

除了我们偶然摄入的昆虫之外，还有一些昆虫已经完全进入了我们的饮食。食用色素E120和胭脂红就是最好的例子。氨基甲酸是从一种小昆虫——**胭脂虫**的甲壳中提取出来的分子，不仅用于化妆品，还用于给果汁、饮料、糖果和猪肉上色。要获得1 kg

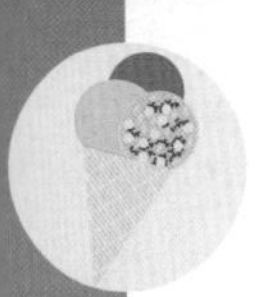

染料，需要10万只这种昆虫。还有一些特殊的乳制品，也是真正的烹饪瑰宝：用撒丁岛蠕虫制作的特色奶酪，即“**卡苏马苏奶酪**”（腐臭奶酪，Casu Marzu），在存放过程中会刻意放入**酪蝇幼虫**，并由它来让食材“腐烂”；里尔地区生产的像橘子面团的法国美莫勒奶酪（Mimolette），在调味过程中会撒上蛀虫；德国**螨虫奶酪**（Milbenkäse）也用到了酪螨的幼虫。这些食物都游离于美食界的边缘，它们是内行人眼中的美味佳肴，会让人产生一种复杂的情绪。

喜欢与厌恶的界限是很微妙的，这通常取决于各自的文化背景。尽管食虫是有益处的，但在我们的文化中，推广食虫的主要障碍之一，就是我们时常会对昆虫产生反感。但是，人类的历史告诉我们，饮食风格是可以改变的，尤其是在一个全球化的世界中。

◉ 从地衣到车前草：采集者的归来

浆果、未成熟的水果、根、鳕鱼肝、地衣、松针、树皮、蘑菇粉、蚂蚁及蜗牛泥，这听上去似乎是某种魔药的成分，拥有一系列让人难以想象的浓烈香味，其实，它们只是那些所谓的**新北欧美食**中的一些特色成分罢了。这是一种自然的、严格的、酸性的美食，就像它的起源地一样，让人流连忘返，能带给人们温暖和凉爽，这与我所熟悉的地中海美食文化相隔甚远，但却十分吸引我。我在全世界极负盛名的餐厅之一，大厨雷瑞皮（René Redzepi）在哥本哈根的诺玛餐厅（Noma），体会到了这样的感受，这是一家新北欧美食的标志性餐厅。

雷瑞皮是分子料理之父费兰·阿德里亚（Ferran Adrià）的学生，他和阿德里亚一样，是一位伟大的创新者。他收集并增强了丹麦本地风味和色彩的食物。例如，“苔藓和牛肝菌”（Moss and Cep），诺玛餐厅的招牌菜肴之一：在鲜绿色的苔藓上撒上松脆的地衣和牛肝菌粉，再配上法国的特色**酸奶油**。很难把地衣想象成一种开胃的、可食用的并且营养丰富的食品，但是当我们寻找未来的饮食时，这也是我们应该关注的一种食品。地衣是北极地区的传统食品，但不仅如此。犹太人在前往应许之地的途中，得到的圣经的**意外之财**是地衣。克里米亚鞑靼人也将其称为“大地的面包”。地衣养活了那些旅途中的人，地衣太容易找到了。我们可以想想我们见过的地衣，有长在树上的或者长在石头上形成了特色硬皮的地衣；还有优雅且精致的**扁枝衣**，也就是长在鹿角似的小树枝上的橡苔，如今已经是美洲印第安人、埃及人和土耳其人的一种重要食物来源了；还有生长在东亚地区的**石耳**，也是一种药用植物。大多数地衣都是可食用的，据估计，有50%的地衣还具有药用价值，具有抗生素或者防腐作用。地衣是对空气污染非常敏感的生物，它是真菌和藻类这两种生物共生的生物复合体：真菌（异养生物）编织结构，而藻类（自养生物）则通过光合作用把它们生长环境中的物质转化为营养。

在真菌的王国里，从显微镜下的真菌到大型真菌，种类多达数十万种。大型真菌也就是我们能在森林中采集到的真菌，是可以食用的（洋菇、鸡油菌、松露、黄丝菌和牛肝菌等）。据估计，欧洲大约有8 000种大型真菌，其中有几十种是有毒的，或者至少是不能食用的。但是已知的菌类也应当少量食用，偶尔吃一次就可以了，因为菌类含有复杂的碳水化合物，在其他食物中是并不常见的，比如几丁质会削弱消化系统的功能。与菌类不同的是，在大约2万种地衣中，只有2种被认为是有毒的，它们分别是粉状阳光地衣（Vulpicida Pinastri）和狼苔藓（Letharia vulpina），这两种地衣都有着亮丽而显眼的黄色。但这也并不意

味着其他种类的地衣都是完美的食材，在烹饪的时候还是要多加注意。大多数地衣所含的碳水化合物占比量比土豆多，除了纤维、维生素和蛋白质之外，由于还含有大量的酸性物质，所以最好不要生吃，但如果将其干燥了或者煮熟了就不会出现问题。为了中和其酸度，传统的做法是把它们埋进硬木灰中，而如今则使用到了碳酸氢钠或氯化钾这类碱性溶液来进行中和。在那些位于世界最北的饥荒严重的地区，一些居民甚至在刚宰杀的驯鹿的消化道中发现了地衣，这要归功于动物体内的酶。

我承认，我也被这些顽强的植物深深吸引了，它们是如此的坚韧而又"谨慎"，在几千年的漫漫时光里，一点一点地生长。如今，幸而出现了诸如北欧食品实验室（Nordic Food Lab）这样的地方，这是雷瑞皮与哥本哈根大学于2008年合作建立的一个跨学科实验室，生物学家、植物学家和厨师在这里一起工作，使我们对这些原始植物有机体的珍贵价值有了更多的认识。这种采集植物、野菜、菌类、苔藓或地衣的行为，被称为**"觅食"**（forging），这种行为非常古老，是一种能获得粮食来源的明智做法，通常出现在饥荒和粮食短缺的时期。历史上，这也被称为"觅食"（Alimurgia），这是由佛罗伦萨的医生及自然学家乔瓦尼·塔尔乔尼-托泽蒂（Giovanni Targioni-Tozzetti）创造出来的术语，他在1767年发表的同名著作《觅食》（*Alimurgia*）中也提到了利用植物等地球自然产物来应对饥荒的可能。于是，两个多世纪之后的今天，我们在这里又一次问自己，这些自然产物能否改变我们未来的饮食结构？又会在多大的程度上改变呢？而这个想法在厨师和**"觅食者"**之中已经运用了十几年，并且引发媒体的关注。如今，像我们提到的诺玛餐厅的大厨雷瑞皮，或是智利圣地亚哥博拉格（Boragó）餐厅的主厨鲁道夫·古兹曼（Rodolfo Guzman），他们对于那些爱好烹饪、爱好美食的人，以及那些善于观察、研究和采集自然食材来制作地方特色美食的人来说，已俨然成为明星。雷瑞皮去过斯堪的纳维亚的针叶树林，古兹曼到过和智利的阿塔卡马沙漠一样迷人而危险的地方采集他所需的植物，很难想象，这些地方也能够滋养生命。这些地方既干旱又荒凉，有人说在阿塔卡马沙漠的某些地方，数百年来没有下过雨，如果你想知道火星是什么样子的话，不妨来这里看看。

数十年来，我们对于烹饪的表达在不断的发展，也越来越成熟，而这通常源于人们对觅食最初的热情，瓦莱里亚·莫斯卡（Valeria Mosca）就是一个很好的例子，莫斯卡同样也是一位开创性的厨师，她在米兰的郊外创立了森林野生食品实验室（Wooding Wild Food Lab），这个实验室对用于我们日常饮食的野生食品进行研究和实验。莫斯卡说："我的祖母是一个职业的采集者，为了生活她也必须这么做。夏天的时候我会跟着她去伦巴第大区瓦尔麦伦科（Valmalenco）的一个牧场，她教给我知识，带给我快乐。我记得有一次我们走了很长一段路，那时我只有6岁……初夏的时候，落叶松的气味非常浓郁，是一种清香的气味，几乎是香甜的，这个气味触动了我，并且留在了我的脑海中。落叶松是一种先锋植物，生活在极高的海拔上。这种针叶树遍布阿尔卑斯山，它的气味十分浓烈，味道震撼人心，并带给我们感官极为复杂的触动。因为含有单宁酸，它带有苦味，但这种苦味是令人愉快的，它的树脂是甜甜的，有一股清香味，而它还有维生素C带来的酸味。我小时候对野菜、对烹饪及对那高高的山脊充满渴望，而如今这些都已成为我的职业内容。我现在是一名觅食者，虽然走了很多地方，但我从不感到疲倦。"莫斯卡甚至在手臂上纹了落叶松的松枝图案。没办法，你的热情总会把你的内心表露在外。

在遥远的过去，也包括20世纪的前几十年，在山区及许多其

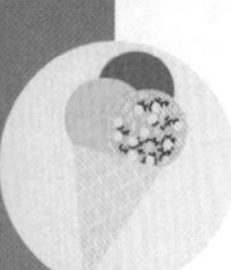

他集群中，女性需要采集草药和野果，并把这些草药和野果进行最后的加工制作，有时还需要将采集到的这些草药出售，因为这些草药是制作一些有名的酒产品的原材料。比如瓦尔泰利纳地区的女性采集并出售的草药等药用植物，能制作瓦尔泰利纳地区著名的布劳略苦味酒（Braulio）。她们出售的草药包括**西洋耆草**、洋艾、龙胆根和杜松子。人类在烹饪时，总会不自觉地用到草药，就如同制药物和化妆品一样，虽然这是落后的文化所留下的产物，但已经成为必然。我不禁想到自己小时候吃的饭，那时候用野菜来制作沙拉、汤、煎鸡蛋或者是面食的馅料都是再正常不过的事情，就更不用说凉茶和调味酒了。不仅有蒲公英、荨麻草、蛇麻草或琉璃苣这类草药，还有浆果、菌类、核桃、栗子和山桑子……所有的自然产物只要为人们所知并以正确的方式所用，它们都将成为巨大的资源，尤其对于生活在边缘地区食物匮乏的人来说是很重要的。包括森林野生食品实验室在内的这些实验室，对那些已经为人使用的物质进行分析，分析它们具体属于哪种植物科属，同时扩大了其研究范围，或者说把重点放在了那些尚未为人类所使用并且毒性很小的物质身上。如果能将这些物质用于烹饪之中，也是件非常有趣的事。

大部分植物虽然不能为我们提供蛋白质和热量，但它们却是抗氧化物质的主要来源，比如维生素、矿物质及其他重要的营养素，这些物质能帮助我们应对和抵抗化学上的消耗，以及生命的衰退。在我们进行一些基本的机体过程时，比如呼吸时，会产生一种名为**自由基**的副产物，这些不稳定的分子会和我们身体里复杂的系统发生反应，从而造成破坏。在这个时候，抗氧化物就开始发挥作用了。抗氧化物这种化学物质，我们自身会产生一部分，另外也从食物，尤其是植物中吸收一部分，它与自由基的功能正好相反，能够减缓衰老并保护我们的身体组织。

然而，植物除了能提供这些有益的物质之外，还会产生一些有害的物质，这些物质主要是植物为了自身防御而产生的。所以，我们需对植物有选择地食用，降低毒素的摄入，这样就不会造成过大的危害，除非滥用。在这些物质中，既有生物碱，也有尝起来味苦的毒素，但凡大量摄入，几乎都会中毒。比如，当把土豆暴露在阳光下或者低温中，土豆会发芽并变绿，这时它就含有潜在的有毒生物碱，称之为**龙葵碱**（龙葵素）。然而，有些毒素即使是少量的摄入，也能够改变动物的新陈代谢。

还有一些分子虽然不是毒素，但是如若滥用，仍然会引起问题。车前草是最常见的营养丰富的野生植物之一，其味道让人联想到新鲜的牛肝菌，它含有的大量维生素K，可阻碍凝血酶原的合成，因此具有抗出血功能；出于同样的原因，不建议有凝血问题或者在服用抗凝药的人食用。

即使是在自家的小花园中，也要注意一些小陷阱。除了土豆之外，还会有诸如卷心菜、抱子甘蓝和芥末叶之类的植物，虽然所有的十字花科植物都含有丰富的矿物质和维生素，但是如果大量食用，会增加患上甲状腺相关疾病的风险。当植物细胞受损时，某些酶会进而触发一连串的反应，并产生非常苦且具有刺激性的异味化合物——异硫氰酸盐，这种物质一方面能够抗肿瘤，另一方面却会干扰甲状腺的功能。但这其实也是十字花科植物的一种非常有效的防御系统，在19世纪末，受到它的启发，人们生产出了可怕的芥子气，德国人在第一次世界大战中就使用了芥子气。每种蔬菜中都或多或少含有一些有毒物质，上述的例子就是最好的证明，所以我们在食用时都需要多加注意，若是吃野菜就更应如此。觅食的过程伴随着对美食的期待，这种由丰富的菜肴构成的新兴原始主义的背后，充斥着诸如“Selvatico”（意大利语：野生的）和“Wild”（英语：野生的）之类的词语，并且，

在这种烹饪方式之下，需要我们更多的责任感、知识储备，以及对所居住环境足够的了解。

“未来的烹饪？”莫斯卡这样总结道：“我希望人们能够对其投入更多，并且也能带给自己愉悦。不管以后烹饪的是昆虫、野菜、地衣、藻类还是其他，都没有太大关系，关键在于责任。烹饪，不仅是一种风格的锻炼，也不仅是为了得到感官满足而做的探索……烹饪更是为了爱！一道菜必须是美味的，是令人满意的，但同时也要和我们所处的时代背景，以及生活所需联系在一起，因为我们有责任让它可持续发展下去。”

◉ 简而言之：从可吃可喝的瓶子到人工汉堡

我们能否吃掉食品的包装，而不是把它们当成废品呢？或者，我们能否从几个细胞开始，直接在实验室里“种”一块牛排出来呢？2013年，荷兰马斯特里赫特大学生理学系的主任马克・波斯特（Mark Post），在数百名记者面前，与厨师理查德・麦基温（Richard McGeown）一同在伦敦展示了首款合成汉堡，这块汉堡里的牛肉饼是在实验室里用短短3个月培养出来的：这种肉每150 g的价格超出了30万美元。是的，成本是实验室中肉类生产的主要限制因素之一。

研究人员从一头牛身上提取了一些干细胞，在体外进行培养，从而产生了大量肌纤维，然后将其切碎，并加入调味剂、染料、甜菜根汁、面包屑、焦糖和藏红花——这样制作出来的肉颜色更红，味道鲜美，这样的“肉”无论外形还是味道，都与我们所熟知的牛肉相似。这个消息一出，便引发了公众极大的好奇，许多人都想知道，未来在实验室里“种植”牛排是否现实。

同样，之前也有人对其进行过预言。温斯顿・丘吉尔

（Winston Churchill）是一位思维活跃且魅力非凡的领袖，他具有出色的沟通能力。1931年，他发表在《斯特兰德杂志》（*The Strand Magazine*）杂志上的一篇文章这样写道："未来，我们要想吃鸡胸脯或鸡翅，可以不再荒谬地饲养一整只鸡了，而只需在合适的培养基上单独培养这些部分即可。当然，将来还会有合成的食品，而吃饭的乐趣并不会消失……新兴食品与天然食品之间，在本质上几乎没有区别。" 如果有人想利用丘吉尔的雄伟形象作为创意去宣传第一批合成牛排，并且在超市中进行售卖，我不会感到惊讶，但是这一切真的有必要吗？

农场的环境成本如此之高，所以我们必须找到替代的解决方案。除非我们减少肉类的消费或者减少浪费，同时选择吃那些通常会被扔掉的或者价值并不高的食物。根据经济合作与发展组织（OECD）的预测，从2011年到2020年，北美肉类的消费量预计将增长8%，欧洲将增长7%，而亚洲甚至将增长56%。联合国粮农组织估计，从现在起到2050年，二氧化碳的排放量将增加70%以上。更不用说每头牛的反刍和排泄，它们每天产生的甲烷气体达数百升——每年产生甲烷量约120kg，而动物养殖则是全球最大的温室气体排放源之一。如果想要维持这些数字不变，也是十分困难的。

从感官的角度来看，所谓的"**清洁肉**"或"**合成肉**"的效果，会比如今已经存在的用蔬菜做的替代品效果更好——比如用豆腐做的替代品。20年后，我们可能会在肉贩的案前满面愁容，陷入两难之中：我吃什么呢？最好还是吃实验室培养出的"**无残酷性**"的牛排吧，相较于同样一块从饲养牛身上宰下的牛排来说，前者环境成本更低，还大大降低了病毒和细菌污染的风险，想想禽流感或疯牛病多可怕。

其实，胎牛血清已经用于细胞培养技术了，并已成功培养出

了首个合成汉堡牛肉饼。胎牛血清取自剖腹产的胎牛，能为合成的牛肉饼提供激素、维生素、生长因子等诸多物质，而这种牛肉饼是肉类产业的一种二级肉产品。培养牛肉饼没什么缺点，除了要用到胎牛血清，这有点残酷！然而合成肉最终的目的是要做到**零残忍**（Cruelty Free），即找到动物培养基的替代品。但如果这样的话，合成肉其实就和肉一点不沾边，那我们还会选择吃它吗？我们既想继续吃肉，却又担心动物生存问题和环境问题，与此同时，大多数人对"合成""人工"和"生物技术"这些词又嗤之以鼻，尤其是谈及其所含营养的时候。

合成肉计划也许不会有理想的结果，在我们的饮食方面可能也是贡献极小，但它却给生物技术研究带来了改变和创新。有哪些例子呢？比如，我们想过合成可食用薄膜和容器，以此代替塑料袋、塑料瓶和包装袋，这样做能带来极大的益处。我们每次打开一包食品，就会扔掉包装袋，我们有想过自己扔掉了多少塑料吗？塑料的发明确实取得了巨大的成功，它改变了我们的生活和我们生活的环境，这种改变有利也有弊。当居里奥·纳塔（Giulio Natta）和卡尔·齐格勒（Karl Ziegler）在1954年提出等规聚丙烯［商业界称之为"**莫普纶**（Moplen）"］时，谁能料想，这个有趣却又难以降解的发明会带来这样大的麻烦。

但是，拥有想象力和知识对我们来说总是有益的。比如来自伦敦帝国理工学院的3名年轻研究人员就创造了"噢吼球"（*Ooho*），一种可食用水包，这可用于替代无处不在的塑料瓶（即含有聚对苯二甲酸乙二醇酯的塑料瓶）；目前，它还仅仅是作为趣闻一样存在，谁也不知道它是否真的能有助于减少人们对塑料的使用。这是一种含有水的凝胶球体，由从藻类中提取的物质制成，可以食用，也可以生物降解。"噢吼球"的发明不只是一项解决塑料问题的办法的创新，它还关系着食品包装的未来。

未来的食品包装不仅可以食用，还能作为活性元素，释放出香气、酶、抗氧化剂、抗微生物剂和维生素，能改善它所包装的食物。根据美国化学学会（American Chemical Society）的数据可知，用酪蛋白（奶中所含蛋白）所制成的薄膜不仅可以食用，还可以进行生物降解，并且在保存食品的有效性方面比塑料高出数百倍。实际上，人们对酪蛋白的使用可以追溯到19世纪末，不过在那个时候，它是用于生产不可食用的塑料：将其与甲醛混合可以得到一种类似象牙的物质——酪蛋白塑料，这种塑料主要用来制作纽扣和装饰物。历史又一次为我们提供方向，带领我们制订出了并不新鲜的解决方案。那么，明天我吃什么呢？总之，不管吃什么东西，它们都包装在薄膜或者塑料袋里。

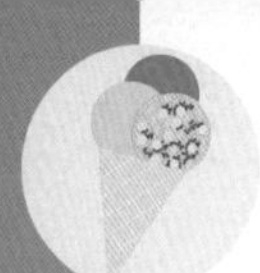

太空中的饮食

“肉汤中的玫瑰，墨汁中的丁香，烤桌子腿，一盘香喷喷的粉色大理石面条，上面还有切碎了的灯泡黄油。停！”

小男孩安静地等着他的爸爸继续说完他想要的菜单。

“然后呢？第二道菜是什么？”小男孩继续问道：“烤牛排吗？”

“那些是用来做汤的，我在问你想吃什么速食？你想吃椅子吗？还是屏幕或者手机呢？”小男孩的爸爸回答道。

这个游戏就这样玩了好几个月。

小男孩的爸爸每晚都会打扮成宇航员，假装给小男孩打电话点餐，就这么一遍遍地玩着同样的游戏。

若现实真是这样，那么那个奇怪的X213行星似乎并不遥远。小男孩安静地睡着了，他的梦里有星星和会飞的牛排。

1965年3月23日，宇航员约翰·沃茨·杨（John Watts Young）执行双子星3号太空飞行任务，并且他在坚固结实的宇航服下藏了一些东西。这本就是明令禁止的事情，但还是发生了，因为在那个“金属盒子”中，任何一点差错都会酿成大祸。就在杨贪的这么“一口”中，更大的处罚也就随之而来！

这是在大气层外的第一次食品“走私”：杨在起飞的前两天购买了咸牛肉三明治，并悄悄带上了航天飞船。然而在太空中漂浮的三明治屑“出卖”了他，杨的这一行为引起了美国宇航局的不满。后来这些三明治屑被保存在了密封塑料盒里，并陈列在了美国印第安纳州米切尔的格里森航空博物馆（Grissom Memorial Museum），既作为一种纪念，也作为一种警告。那么，如今的宇航员在国际空间站（ISS）度过的几个月内会吃什么呢？

要保持健康，营养是必不可少的，更重要的是能保证宇航员的社会价值和心理价值，尤其是宇航员还要在距地球400km以外的荒凉之地，在零重力的情况下，以7.7 km/s的速度执行飞行任务。同时，也正是因为食物的存在，才使得那大型国际空间站里的生活看起来正常一点。

在地球上，厨房正变得越来越高科技化，那里满是各类厨房机器人，这些机器人不仅能做饭，还能进入我们的身体，治疗疾病。瑞士联邦理工学院与著名的洛桑酒店管理学院合作进行了一项研究，该研究使制造出用于治疗和诊断肠道疾病的复合可食用机器人成为可能，这是一种由明胶制成的机器人，并且由化学物质对其进行操控，而非机械零件。

如今，不论国籍，所有人都梦想着探索太空，而地球上却满是能取代人类的机器，即使在那些能充分展现人的才华和想象力的地方，比如厨房，也是如此。怎么办呢？我们可以尝试采纳那些有远见的人提出的建议，比如著名电影《大都会》（*Metropolis*）的导演弗里兹·朗（Fritz Lang）。在他的电影里，机器人是如此的人性化，可见他早已把艾萨克·阿西莫夫（Isaac Asimov）提出的“机器人定律”烂熟于心。让我们想象这样一个世界，在这个世界里，人和机器人一起烹饪，彼此不会对对方造成伤害。或许这个世界现在已经存在了？

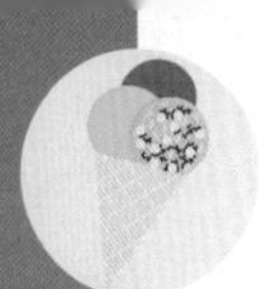

厨房里有一个机器人

放入配料，按下按钮——有搅拌、揉捏、搅动、乳化和切碎这5个预设的程序，然后离开。我的吉米是一个杂事机器人，它节省了我的时间和精力，几乎所有的清洁工作都不用我来做了。厨房里的机器人既不会像《星球大战》（*Guerre Stellari*）系列电影第一部到第八部里的机器人那样，也不会和家庭喜剧动画片《杰森一家》（*The Jetsons*）中富有思想的机器人管家**罗茜**（Rosie）一样，它不过是带有一对刀片、一些配件和一个计时器的功率为1 kW的变速电动机而已。但是，如果我们把“机器人”定义为能够自主完成工作的机器，那么我的吉米就是一个十足的机器人了，就和最先进的机器人一样。捷克斯洛伐克作家卡雷尔·恰佩克（Karel Capek）于1920年发明了这个词，当时他没有想过将机器人同电动搅拌机联系在一起。恰佩克笔下的机器人是一种人造人，人们发明它们是希望它们能代替人类从事繁重的工作。而“Robot”这个词恰恰源于捷克语中的“Robota”，意为“繁重的工作”。

在最近几十年中，厨房已逐渐成为发挥机器人技术潜力的空间。在机器人烹饪多种不同食物的过程中，它们的技术发生了真正的飞跃，烹饪出的菜品可与厨师制作的相媲美。有的厨师机器人能同时做到选择食材，准备食材，烹饪食材，最后还能清洗所有的餐具，英国的厨师机器人莫利（Moley）通过其身上的数十个电机、接口和数百个传感器就能做到这一切，据其制造者称，莫利知道如何像一位真正的厨师那样在厨房中活动。

机器人厨师莫利烹饪的第一道菜是螃蟹汤，这是一道精心烹制的菜，没有任何机械制作的味道。厨师蒂姆·安德森（Tim Anderson）在制作这道菜的时候戴着特制手套，并用专门的摄像机记录下自己的烹饪流程和动作，最后转换成演算法和数据来驱动莫利。在启动莫利之前，需要按照指示准备好食材，并且精准地摆放。一旦启动莫利，厨房立马就会变得富有生气，我们会看到机器人挥动手臂为我们做饭。在未来，厨师机器人还有可能实现确定烹饪类型、份数、热量、所需食材和烹饪方法，只要按下“开始”，我们的厨师机器人便可以从数千个食谱中，或是直接在网上为我们寻找合适的菜肴，并且不需要任何外在的干预就可以进行自主烹饪。

对于那些研究机器人技术的人员来说，厨房是一个很好的实验场地：根据不同的物质、食材的质地和口感，那些对我们来说不容易操作，甚至可能会伤到自己的厨用工具却能够将这些材料进行组合，且组合的方式有无数种，并且这些工具都需要精确且有力度的动作来交替操作。厨师机器人具备的技能非常多，范围极广，通常那些对于我们来说极为复杂的任务，对于机器而言却是最简单的。

第一个真正做出了菜肴的厨师机器人出现在2006年：一家中国公司制造的自动烹饪机器人（AIC Cooking Robot）能够制作一些非常简单的东方美食。2年后，来自瑞士洛桑的学习算法和系统实验室（Learning Algorithms and Systems Laboratory）的科学家制造出了主厨机器人（Chief Cook Robot）——这是一个很可爱的机器人，其中所设定的程序可以制作出塞满肉馅的煎蛋卷，并配有火腿和格鲁耶尔干酪。后来，安康电机有限公司（Yaskawa Electric）制造出了大型工业机器人“钢铁厨师”（Motoman SDA10），它和厨师机器人莫利一样拥有两只机械手臂，但不同于莫利的是，它带有的语音识别传感器能够接收指令，而且专门

接收制作**日本什锦煎饼**（Okonomiyaki）的指令。

这些机器不会受到创造力和知识的限制——人们开始研究能够利用网络知识，而且能自己创造新食谱的厨师机器人的人工智能系统，沃森大厨（Chef Watson）就是一个例子。沃森大厨是一个创新人工智能系统，或者用专业术语来讲，是IBM（国际商业机器公司）生产的一种创新认知计算系统。在烹饪领域，**“认知计算”**（Cognitive Computing）已发展成了**“认知烹饪”**（Cognitive Cooking），它旨在忠实地表达人类的思维，并且让人类与机器之间产生自然的相互作用。IBM正在从医学诊断到烹饪的各个领域，对其创新人工智能系统沃森（Watson）超级计算机进行测试，尤其是沃森大厨。IBM从烹饪杂志、维基百科资料及其他网络渠道上收集了数百万份食谱，并通过分析和学习这些食谱来了解食材与各种烹饪之间的关联，比如分析人类在闻到不同食材时的反应。该系统之所以如此强大，是因为它具有管理大量数据的能力，就算是不同类的数据，即对于普通机器来说难以兼容和处理的格式类型，它也能有效管理。这就是知识和创造力：我们的厨师机器人能记住并消化这些食谱，以便找到最佳的方式来组合所得到的食材。就算这些食材看起来是不相容的，它也能创造出新的菜肴。

2015年，IBM与纽约烹饪教育学院联合出版了一本名为《沃森大厨的认知烹饪》（*Cognitive Cooking With Chef Watson*）的书，书中提供了65种创新食谱：这当然不是一本面向烹饪初学者的书，而是面向经验丰富的厨师的，这些食谱提供的创新组合可以说是具有爆炸性的。你只需想想，当沃森主厨和莫利的机械臂相结合会发生什么吧！

不过有的人会对此嗤之以鼻，通常会划分出两个派别：一派是发烧友、支持者，他们狂热地追求更新与进步；另一派则是犹犹豫豫或者说胆怯害怕之人。那么对于如此别样的“厨师”而言，他们的灵感又来源于何处呢？因为厨师机器人毕竟只是一台机器，既没有自由，也没有想象力。这是一个有趣却又复杂的话题，属于所谓的“机器人伦理学”领域，至少值得一提。

除了机器人的功能、成本和收益之外，也许最值得我们讨论的问题，就是我们对机器人在日常生活中应用的看法。在没有任何人为干预的情况下，你会吃由人工智能烹饪出来的菜吗？一般来说，我们愿意给这些机器多少自由空间呢？我怀疑，厨房机器人的实现和普及会在我们毫无察觉的情况下发生，总有一天我们会在这样的情况中醒来……到那个时候，我只希望能见到早已准备好的晚餐，而我的机器人正打算打扫厨房，这将是一个好的开始！

◉ 食品3D打印机有必要吗？

如果我们可以打印食物，我们想要什么样的食物呢？又想要多少呢？是否存在一种分子材料的复印机，能够像《星际迷航》（*Star Trek*）中的幻象技术一样，复制出包括食物在内的任何无生命物体？如果你觉得未来的厨师机器人过于笨重的话，那么一个能为你准备晚餐的大小合适的3D打印机怎么样呢？虽然这样的打印机现在还处于设计及烹饪艺术的探索中，但是极简的食品打印机已经存在了：只需要往特制面条打印机里加入硬麦面粉和水，然后在智能手机上发送一个简单指令，几分钟内就能在家里打印出面条或者饺子了。从专业领域到大众产品，3D打印技术的应用广泛，涉及几乎所有的应用领域，而厨房就是其中之一。

福蒂尼（Foodini）是西班牙公司自然机器公司（Natural Machines）发明的第一代食品打印机之一，它能用简单的天然原

料，做出复杂且极具美感的菜肴。这款打印机只有微波炉那么大，但它要求食材须是新鲜的半液态状。把面团放入机器，选择好你要做的食物，这款打印机会一层层地拉动这团面团，然后会把混合物从可移动的出料口中挤出来。3D打印接下来的目标就是将它所生产出来的食物煮熟。

↗ 一种新式的3D打印食物

那些既有才华又富有好奇心的年轻厨师们用高科技建立起了一个新世界，在这个世界里，他们将食材和能力混合在了一起，孜孜不倦地实验，不断地探索。正是在这样的背景下，那些更加具有创新性的实验才会出现，比如年轻的**食品设计师**克洛伊·鲁泽维尔德（Chloé Rutzerveld）与埃因霍芬理工大学（Eindhoven University of Technology）合作，试图将3D打印与生活结合起来。她的项目“可食用的生长过程”（Edible Growth）同时也是对烹饪的挑战，以及对未来发出的一种信号。我们需要用3D打印技术打印出一个球形的结构，其味道像奶酪，并含有一种基于琼脂（一种从红藻获得的可食用凝胶状物质）的培养基，里面含有种子和孢子，然后小蘑菇和绿叶能从中慢慢生长出来，同时它们也改变了培养基的外观，从而就使整个培养基越来越具备浓郁的香气和风味。这意味着什么？评判一项发明的成功与否，我们不能依据它是否成为生活中的必需品。对于“可食用的生长过程”的创造者来说，她想表达的信息十分明确：我们不会将技术从生活中分离开，而是让生活在技术领域中展开。未来的食物离不开技术，生命也离不开技术。此外，在最先进的技术研究领域中，诸如美国国家航空航天局（NASA）之类的航天机构，一方面，他们在假设能否使用3D打印技术来为宇航员的长途太空旅行准备菜肴；另一方面，他们也在研究能否在地球以外的太空花园中种植食品及如何种植。

◉ 宇航员的晚餐

如果你是一名宇航员，不得不在微重力条件下在航天飞船中生活几个月，漂浮在一个狭窄的空间中，到处都堆满了成吨物料，那么你可能时不时地想吃点来自家乡的美食。

随着国际空间站的建成，美国国家航空航天局（NASA）和欧洲航天局（ESA）等机构都在关于宇航员食物营养的研究中投入越来越多的成本。1962年，第一个绕地球飞行的美国人约翰·格伦（John Glenn）在太空中享用的第一顿饭只是从金属管中榨出的苹果汁。不过，后来的宇航员在太空中的饮食改变了很多。如今，虽然还存在一些硬性限制，但是空间站的菜单已经丰富多了。

然而，新鲜的水果和蔬菜仍然很少，其一是没有专用的冰箱，其二是不可能在室温下长时间保存新鲜食品。太空中甚至还要禁止面包和其他任何会产生碎屑的食品，因为微重力会使它们在空间中一直漂浮，哪怕只是少量的碎屑，也有可能会破坏舱内的空气及飞船上的仪表。因此，宇航员只能食用简单的玉米饼，

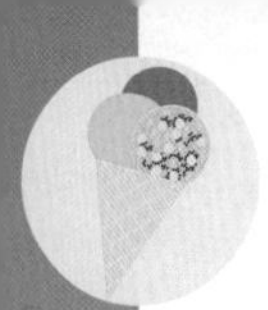

这是一种柔软的薄面包饼。除此之外，调料和辣酱也非常受用，因为很多宇航员都会反映食物没有味道。这就和你在飞机上用餐时一样，有相同的原理：机舱内的压强和空调会减弱人们对甜味和咸味的感觉，同时由于人类对于味道的感知大部分来自嗅觉，而客舱内干燥的空气会使我们的鼻黏膜变干，于是我们就会发现自己吃的饭菜寡淡无味。此外，在轨道上，由于微重力作用，体液在身体内部自下而上流动，会引起鼻塞，有点像我们着凉时那样，这也会影响我们的嗅觉，降低我们对味道的感知。

宇宙飞船上也禁止携带碳酸饮料。在20世纪80年代初，在尝试携带罐装可口可乐之后，人们注意到，失重会带来令人尴尬的情况：少量气体就足以使摄入的液体在体内反应，从而造成令人尴尬的湿咳。尽管存在许多限制，但如今的宇航员仍发展有数百种食品可以选择：从日本料理到意大利料理，包括谷物、豆汤、海鲜罐头、各种调味料、干番茄，甚至还有浓缩咖啡及含有维生素、植物蛋白、非植物蛋白、碳水化合物、纤维、多酚的混合食品，重要的是要保持营养均衡。

由于宇航员会在空间站长时间停留，所以科学家们就能对失重状态下人体的反应和能量消耗进行研究。根据美国国家研究理事会对基础能量消耗（Basal Energy Expenditure，缩写形式为BEE）的指示，以热量的形式计算出人体必需能量，除了要保证这部分能量的供给之外，还需明确饮食也是抵抗细胞衰老和细胞氧化的最佳解药，当处于轨道上时，细胞的衰老和氧化比地球上更加严重。

尽管可供选择的食物种类丰富，且宇航员可在其中根据自己的意愿挑选，但仍须仔细计算并平衡所选食物，否则，错误的饮食会造成严重的后果。试想一下，在诸如重返地球大气层的阶段中，或者在出舱活动之类的关键时刻，一个因饮食不当造成体力不支的宇航员对所有人来说都会构成危险。不要低估食物的作用，它也是一种休闲和娱乐方式，尤其是在距地面400km的荒凉之地。尽管在地面上已经做了数月的准备工作，也经过巨细无遗的反复检查，空间站内还是设置了一个食品舱，可以说是一个烹调的小角落。宇航员能在这里找到70℃的热水，可以用它给干化的食物补水，还有一个最高温度可达80℃的小烤箱。与在自家的厨房里做饭相比，使用这些厨具需要更加小心，哪怕只是在尝试一些小型烹饪活动。从倒入液体或搅拌，再到喝咖啡，所有在地球上看起来普通的小事在这里都变得复杂了，而最简单的物体，比如塑料袋或胶带卷，都成为非常重要的工具。

如前所述，在宇航员开始执行任务之前，所有食物都需先在地面上进行烹饪，并且要保证它们至少可以保存24个月。制作这些食物，不能使用任何防腐剂，并在将食品无菌处理后需要将其包装在多层铝和塑料的袋中，还需要保证遮光效果，空气也不能进入其中，以防止食品降解。另外，对包装的要求，还要保证使用者可以直接在包装内对食品进行加热或补水。为了延长食品的保存时间，食品还要经过热稳定处理：将微生物含量高的肉类和鱼类在121℃的温度下灭菌15 min，而水果在71℃的温度下进行巴氏消毒就可以保持味道和营养了。而那些未经此过程的食品则要进行冻干处理，冻干处理可保持食品的营养，但会改变食品的感官特性、颜色、风味和稠度：首先将食品冷冻，然后在真空的条件下使固态水直接升华出来，并保持食品一直处于真空状态。通过清理掉细菌的水生环境，达到避免细菌繁殖的效果。

宇航员在太空舱吃的每一道菜，都会在地面厨房中得到仔细的研究和准备。菜单确定之后，把食材放进恒温槽内的密封袋中，然后开始进行低温真空烹饪测试。如果测试的结果令人满意，就会将食材放进蒸汽灭菌器里进行烹饪和消毒。蒸汽灭菌器

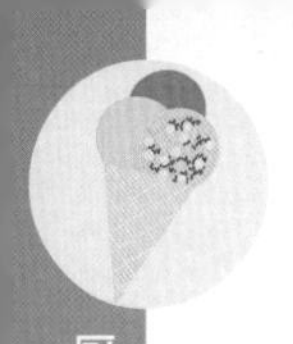

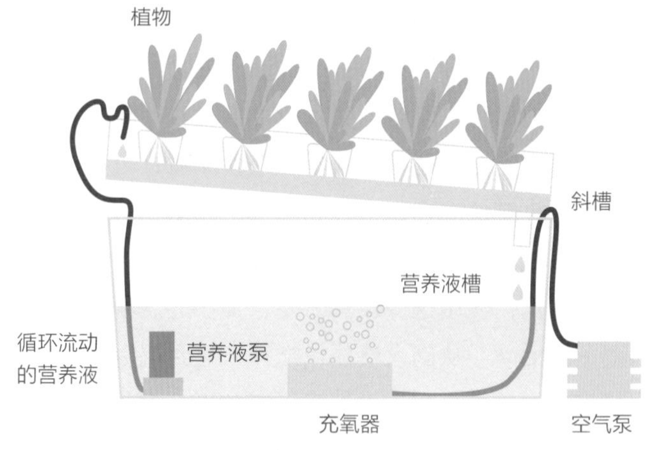

A 营养液膜技术

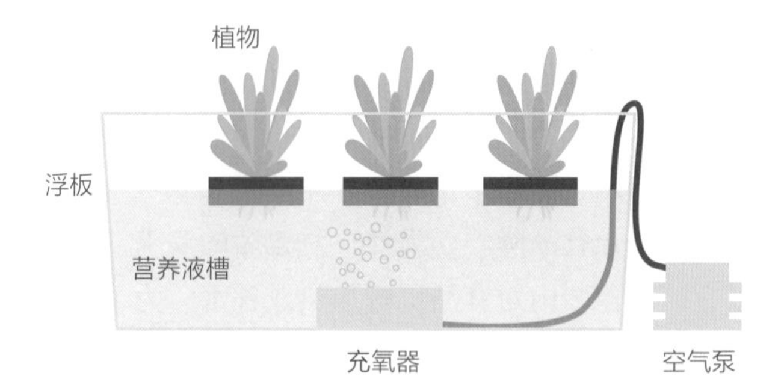

B 浮板毛管栽培技术

↗ 水培技术

是一种大型的压力锅，由于其可达到高于大气压的压力，所以它能使食材在高达121℃的温度下恒温水浴。要想实现上述这些过程，光有厨师是不够的，还需要长时间的研究，需要拥有一个涉及多领域的技术团队。很多研究公司，比如意大利的亚果科技公司（Argotec），都致力于开发宇航员的太空餐，他们会和宇航员们一起挑选菜单，并满足宇航员们的烹饪需求。

如果太空旅行要持续数年的时间，宇航员又该如何为每天的三餐或者五餐作出合理的安排呢？所以，他们需要学会直接在太空中培育和生产他们所需的东西。有关合成肉的生产研究也正在往这个方向发展，就和在外太空的环境中种植蔬菜的实验研究一样。人类正致力于研究一种不以天然土壤为培育基的技术，即所谓的“**无土栽培技术**”，也称为“水培法”。所有的水培技术，会根据植物的吸收效率，向培养基输送含有必要元素的营养溶液，无论是由泥炭、椰子纤维和葡萄残渣组成的天然有机培养基，还是由岩棉、聚氨酯、膨胀黏土或者浮石组成的天然无机培养基，原理都是如此。实际上，水培技术并不是一种新兴技术。古时候，古阿芝特克人和古巴比伦人就在他们的宫殿花园中使用了水培技术，只不过直到19世纪，水培技术的基本原理才真正成形。另外也有无培养基的水培技术，也就是所谓的**液流技术**，例如营养液膜技术（NFT）和浮板毛管栽培技术（FCH），这些液流技术主要用于栽培莴苣等叶类蔬菜。在营养液膜技术中，营养液以薄膜的形式在塑料管道中循环流动，植物就种植在这层营养液膜中，这种模式下，培养基只在培育幼苗时才会用到。如果运用浮板毛管栽培技术栽培，植物则是种植在聚苯乙烯浮板上，浮板悬浮在营养液槽上，并慢慢往溶液中充入氧气。在地球上应用水培技术，营养液的下落是由于重力的作用；而在太空中应用水培技术，区别在于，太空中重力降低，营养液与管道及容器壁之间产生了力的作用，出现毛细现象，从而影响营养液分布。正是因为上述这些技术和方法，人类成功收获了第一棵太空莴苣，同时也为宇航员在未来执行航天任务的过程中获得新鲜食物的可能迈出了第一步。目前，人们也开始思考如何将这类技术运用于日常生活中，而我们也借由那些适用于太空的营养液，进一步创造出了适用于家里的培养设备，这样一来，对那些住在城市的人来

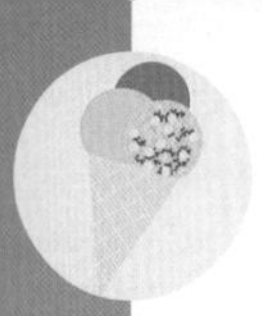

说，新鲜的水果和蔬菜也能唾手可得。

然而，关于太空食品的研究并不止于此。多年来，美国国家航空航天局一直在寻找一种能在火星大气这种极端条件下生存的营养植物，因此美国国家航空航天局与秘鲁利马的国际马铃薯中心（International Potato Center，简称CIP）展开了合作。国际马铃薯中心是一家重要的研究中心，拥有丰富的遗传数据库和超过5 000种野生和人工栽培的马铃薯种子，该机构正在对那些栽培在类似于火星环境中的不同种类马铃薯进行实验。如果多种所选植物都能生存和繁殖，意味着我们朝着那颗红色星球，以及第一份真正的太空素食菜单迈进了一小步。马铃薯这一美味的块茎植物，数千年前就出现了在安第斯山脉，如今又将去往火星那未开发的山谷……在不远的未来，谁说得准，我们不是因为在火星上拥有了一片块茎田而能在火星上生存呢。另外，作家安迪·威尔（Andy Weir）在其2011年的畅销书《火星救援》（*The Martian*）中已经想到了类似的情况，我们目前所取得的成果让我们相信这种想象是能够变成现实的。几年后，导演雷德利·斯科特（Ridley Scott）将《火星救援》拍成了电影。

◉ 未来主义美食畅想

真空食品、机器人厨师、野菜和太空莴苣……关于未来的美食你有怎样的想象呢？未来主义之父菲利波·托马索·马里奈蒂（Filippo Tommaso Marinetti）在1930年的圣诞节后不久，在都灵当地报纸《人民报》（*La Gazzetta del Popolo*）上发表了《未来主义美食宣言》（*Manifesto della cucina futurista*）。如果你读过这篇宣言，你能发现他在其中对未来美食做了有趣的类比和预测。马里奈蒂所预想的未来主义美食当然不能忽视营养，因为正如他本人所写的那样，人们会根据自己的饮食习惯来思考、想象和行动，因此，未来主义美食应该脱离过去的美食风格，并反映出现代的活力。

除去他那些自相矛盾的烹饪观点，马里奈蒂梦想的烹饪有以下几个特征：含有添加剂和防腐剂、会用到化学实验室里的仪器（臭氧化器、蒸馏器、离心机和粉碎器）、从试管中再创新风味甚至能具备多感官的体验，就像是在与音乐诗歌对话，还有令人惊讶的食材组合，比如法国厨师儒勒·曼卡维（Jules Maincave）在20世纪初大胆创造出的羊里脊肉和虾酱搭配，以及草莓果冻和鲱鱼搭配。

我相信伟大的马里奈蒂，一个对谬论和**戏剧性事件变化**充满热情的人，会支持我们所说的**现代主义烹饪**（Modernist Cuisine）——一种创新的美食，使用了分子美食所特有的添加剂和技术，以及**低温慢煮**技术和真空烹饪技术。现代主义烹饪兼具审美和创新，一定会让食客们为此感到既惊讶又兴奋。你还可以去翻翻内森·梅尔沃德（Nathan Myhrvold）写的概述了未来主义烹饪且具有纪念性意义的书：《现代主义烹饪：美食的艺术与科学》（*Modernist Cuisine：The Art and Science of Cooking*）。梅尔沃德是微软前首席技术官，是一个全能的美食爱好者，也是著名天体物理学家斯蒂芬·霍金（Stephen Hawking）的学生及其研究团队的成员，读了他这本书之后你就会明白我们现在讨论的话题。

2011年，梅尔沃德以一名出色的企业家、科学的先驱，甚至美食家的身份创立了一间烹饪实验室，这是一间位于美国华盛顿州贝尔维尤的跨学科实验室。在那里，厨师、研究人员、科学家、美食家和作家共同努力，创造和描绘未来的烹饪。传统对于梅尔沃德来说很重要，不过他更加看重创新。要了解什么是现代

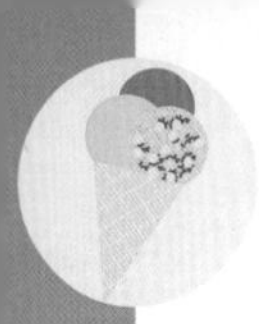

主义美食，只需参观一下他的实验室即可。你能在这里发现十几种添加剂，比如琼脂或者黄原胶等增稠剂，以及从果胶到氯化钙等凝胶物质；用于改变菜肴形状和质地的白色粉末；还有液氮，由于它-195.82℃的温度，非常适用于制备氮气冰激凌，或制造动人烟雾效果。除此之外，你还能发现这些：探头温度计或红外温度计、一氧化二氮虹吸管［一氧化二氮（N_2O）也就是笑气，分子料理的主要道具］、在1 900℃的高温下制作脆皮的焊枪、结合了蒸汽或空气烹饪的高温烤箱、感应电磁炉及可在电磁炉磁场作用下加热的锅和超声波均质器（人耳听不见的超过20kHz频率的声波将水和油混合在一起的搅拌器）。最后，还能发现在低温下进行真空烹饪，也就是所谓的**低温慢煮**时所需的所有东西。这是现代主义美食的另一个特征，在我们说到为宇航员准备食物的技术时已经了解过了。

低温慢煮是20世纪60年代发展起来的，是工业食品的一种保存方法，很快被诸如乔治·普阿鲁斯（Georges Pralus）这样的厨师和学者引入到了烹饪中。1974年，普阿鲁斯首次将低温慢煮带到了他在法国罗安（Roanne）的餐厅。法国烹饪研究与教育学院（CREA）的创始人布鲁诺·古索（Bruno Goussault）是低温慢煮烹饪技术的中心人物之一。食物在密封真空袋中，然后放置在恒温器或蒸汽烤箱中，在50~80℃的温度下进行烹饪，这是一种越来越流行的烹饪方法，它可以保留食物的原本风味。此外，烹饪时间的长短也需要根据食物本身特性来决定，例如，某些很硬的肉块就需要较长的时间来烹饪。

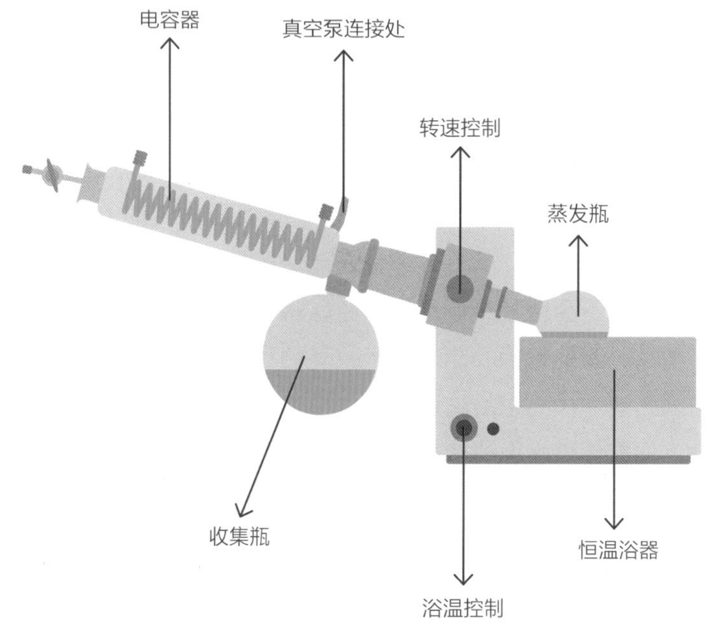

➚ 旋转蒸发器（ROTAVAPOR）

肌内结缔组织和肌肉组织的肌纤维成分是使肉发硬的主要原因。动物所承受的重量、劳动量和运动量越大，其肌肉中的结缔组织就越多，结缔组织是由胶原蛋白和弹性蛋白之类的蛋白质形成的。我们得知道，每块肉都含有一定比例的脂肪、肌肉和结缔组织，因此，要想烹饪好它们，也就是要找到将胶原蛋白转化为明胶的正确方法，我们既要使蛋白质变性，又要保持肌肉纤维的柔软。切下一块富含结缔组织的肉块，一般来说都非常好吃，这些肉需要在水里缓慢地烹饪，这便是炖菜和炖肉的典型特征了。胶原蛋白会在51℃左右开始变性，随着温度的升高，它溶解的速度加快，但由于肌肉中的蛋白质收缩会导致肌肉内的液体溢出，从而使肉变硬，我们需要开小火慢慢地煮。所以，采用**低温慢煮**，无须炖煮就可完成烹饪，而且煮出来的肉仍然柔软多汁。这

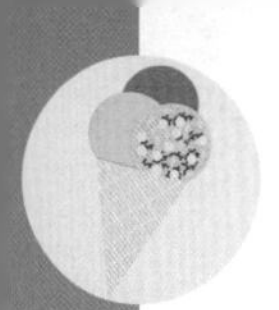

个方法同样适用于水果和蔬菜，蔬果在真空下可保持其鲜美的品质、亮丽的颜色和丰富的口感。真空容器能让食品在保存期间免受污染，避免细菌滋生，以及避免由于挥发性物质氧化或蒸发而导致味道的减弱。食品和调味料、腌料或香料一起真空密封在专用的塑料袋中烹饪，这样能使热量以有效且均匀的方式通过水（或蒸汽）传递到食品上，并且还能保持食物、盐和调味料之间的接触，而不会使盐或调味料分散在水中或者挥发出去。最后，对温度和时间的精确控制确保了菜肴的完美呈现，比如你想吃一个如同奶油一样绵密的鸡蛋，只需将鸡蛋在61.5℃的温度下煮1 h即可；如果你想吃像蜂蜜一样黏稠的鸡蛋，就需要在63℃的温度下煮1 h；在64℃下则可获得蛋黄酱的稠度；而在68℃下，鸡蛋的质地就像软奶酪。还有哪些例子呢？比如，中等厚度的嫩牛排在55℃的温度下烹饪三四个小时就足够了，更厚的、纤维含量更多的牛排需要在至少60℃的温度下烹饪24 h，而对于鱼片来说，在61℃的温度下烹饪15 min就足够了。当然，我们无法通过这种办法烹饪出我们非常喜欢的经典脆皮，因为想获得脆皮需要经过美拉德反应。因此，我们在低温慢煮之后，可以对食品进行加工，比如在烤架上或者在锅中将肉烤至褐色，这样一来，肉在高温下就发生了美拉德反应。

这些技术为烹饪带来的一个优势是，人们可以提前几天制备好菜肴，并且能保证菜品的质量，同时也不会受到外界污染。在低温慢煮时应格外小心，尤其是烹饪肉和鱼时。我们知道，就算温度已高于60℃，食物仍然存在被污染的风险。巴氏杀菌是一种热回收过程，可将由大多数细菌和病原体引起的风险降至最低。而在低于4.4℃的温度时，尚未被杀死的细菌能在短短几天时间内慢慢滋生，直至达到较危险的水平，所以再次烹饪时需要花费较长的时间，因为肉在略高于50℃的温度下才是可以安全食用的，不过由于之前就在60℃的温度下烹饪过几十分钟，已经大大降低了一块肉的含菌量。而对于那些生命力更顽强的细菌和病原体，我们可以采用高压灭菌器进行灭菌，正如我们之前说过的，高压灭菌器可以达到121℃的温度。

说到这里，如果你想体验一下低温慢煮，只需要准备一个用于烹饪的袋子或一块优质的耐热薄膜即可，另外用一个装满水的锅来代替旋转蒸发器。将袋子完全浸入水中，注意用温度计检查温度是否保持低温和不变。在家中实验甚至没有必要创建真空环境，只需用手将空气从袋子中挤压掉即可。在洗碗机中做饭就更有趣了，洗碗机是一种可释放热量的家用电器，能提供50~70℃的恒温水浴。准备好食物，加入调味料后，将其放在密封的袋子里或者玻璃罐中，再放入洗碗机，开启洗涤程序后等待即可，浸没袋子或玻璃罐的热水就能煮熟食物。你甚至可以启动洗碗机的满负荷洗涤功能来优化烹饪的成本和时间，而密封的袋子或罐子可以保护食物不受任何污染。这样做，节省下来的钱是翻倍的，洗手消耗的水有50~100 L，而洗碗机最多需要20 L热水。从鸡蛋到贝类，再到水果……你可以“为所欲为”，在互联网上找出数十种食谱。比如，你可以试着做一份简单的墨鱼：将墨鱼放入装有香菜和大蒜（最好是少量，并且是研成粉末的）的袋子中，再加入盐和胡椒粉，然后密封袋子，放入洗碗机中，确保温度至少为65℃。1 h后，你会得到一份淹没在洗碗机中的墨鱼，一份柔软可口的美味墨鱼，这真是一道有趣的未来主义美食！

让我们来总结一下未来烹饪的技术和设备。其实在最前卫的餐厅和酒吧的厨房里，**旋转蒸发器**已经成为一个必不可少的工具。虽然旋转蒸发器听上去很像日本最新漫画里机器人所拥有的致命性秘密武器，但并非如此，它是一个20世纪50年代末期的发明，是沃尔特·布奇（Walter Büchi）的心血结晶。旋转蒸发器

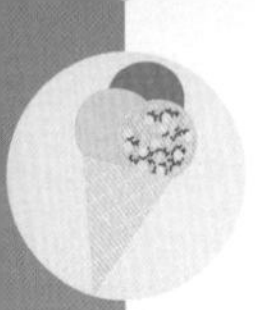

是化学实验室中常用的仪器，近年来，它作为真空蒸馏器走进了厨房。

通常来说，蒸馏是一种技术，能在蒸发和冷凝的两个过程中分离出沸点不同的两种或多种液体。与普通蒸馏器不同的是，旋转蒸发器连接了真空泵，能吸收蒸馏回路内部的空气，从而降低整个系统的压力，也降低了待处理液体的沸点——根据物理学上的定律，当压力降低时，物质的沸点也会降低。一方面，由于从溶液中去除了溶剂，即水或者醇，蒸发器能够通过压缩非挥发性的成分来降低液体浓度；另一方面，由于对溶剂、挥发性分子和香气的萃取和收集，又能获得蒸馏物。将要蒸馏的溶液置于与恒温浴器相接触的蒸馏瓶中，恒温浴器能将其保持在恒定温度下。随着溶剂、醇或水和所有具有挥发性的分子蒸发，蒸汽与冷凝器接触，放出热量，变成液体，并以液滴的形式流回至收集瓶中。除了可以节省大量能源外，还由于无需将温度提高到78℃（乙醇的沸点）以上，所以低温蒸馏可保存热敏性物质，并且由于仪器内部的氧气含量低，所以也减少了氧化的发生。

在现代烹饪中，旋转蒸发器通常用于制备鸡尾酒、烈酒或者所谓的“去冰”饮品：如果你有一杯加入了水、糖和各种香料、蔬菜汁或水果汁，蒸发器可以帮助你获得一杯更加美味的浓缩汁。蒸发器可以提取出这杯果汁或蔬菜汁中的水分，使其在远低于100℃的温度下蒸发掉，既保持了浓缩果汁或蔬菜汁的品质，又保持了浓缩汁的新鲜和可口。

·厨房实验室·

“冒充”鱼子酱

如今，鱼子酱可谓是分子美食和现代美食的经典之作，虽种类丰富，但其所具有的功效是毋庸置疑的。这里要介绍的是由费兰·阿德里亚发明的球化技术，以及所谓的逆球化技术（其中胶凝因子发生互换），我们将用这些技术制作出新颖的鸡尾酒和菜肴。

需用物品：海藻酸钠（E401）、氯化钙（E509）、水、小盆（2个）、无针头注射器或者滴管、胶凝液体（果汁、软饮、糖浆、蜂蜜或者调味酱）、浸入式搅拌器、天平。

具体步骤：将海藻酸钠（一种提取于海藻藻酸的盐）与氯化钙混合，在发生反应后，你会得到一小块凝胶球，里面充满了看起来像鱼子酱的液体。首先，将海藻酸钠添加到要用来制作胶球液体中，每250 mL液体需添加2 g海藻酸钠，由于海藻酸钠不溶于水，所以需要用到浸入式搅拌器，将它们混合成一种均质化合物。然后将该均质化合物放进冰箱，以消除其内部的气泡。接着，再将2.5 g氯化钙溶于500 mL的水中。再用无针头注射器将均质化合物逐滴滴入氯化钙溶液中，你会看到有许多胶球形成了。用勺子把这些胶球舀出来（胶球越多，形成凝胶的过程就越快），将胶球于流水下冲洗干净，去除多余的盐，因为盐的存在会让它带有苦味。但是，这一切究竟是如何发生的呢？简单来说，海藻酸钠是由长链分子组成的聚合物，钠分子位于其分子链的侧面。当海藻酸钠与氯化钙接触时，钙取代了钠的位置，从而形成双链。如此一来便形成了能将液体包裹起来的凝胶薄膜了，看起来就像鱼子酱一样。现在，你可以试着用逆球化技术来制作

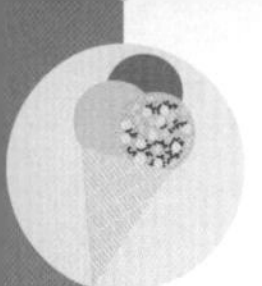

酸奶球，也就是将酸奶中富含钙的物质浸入海藻酸钠溶液中。了解了这些技巧，你会发现做饭很有趣！

固体鸡尾酒：
可用勺子舀着吃的鸡尾酒。这是对制作仿制鱼子酱技术的应用。通常，鱼胶或琼脂会作为增稠剂添加到鸡尾酒中。

烟雾鸡尾酒：
将干冰（-78℃下的固态二氧化碳）添加到普通鸡尾酒中，其蒸发时便营造出了烟雾效果。

悬浮鸡尾酒：
由于有诸如黄原胶这样的添加剂，鸡尾酒在变得稠密的同时，又能让几片水果悬浮其中。

泡沫鸡尾酒：
使用烹饪中的虹吸法来制作酒精泡沫，加入鸡尾酒中。

球体鸡尾酒：
这是一个逆球化过程，即把乳酸钙或氯化钙添加进鸡尾酒中，再将其浸入海藻酸钠溶液中，其中心会形成一个带明胶壳的小球。

冰球鸡尾酒：
水冷冻在球形模具中，将其制作成凹陷状，其中填充鸡尾酒。

➚ 一些可用来创新鸡尾酒的分子料理技术

·厨房实验室·

实用太阳能烤箱

太阳能烤箱的形状各种各样，比如可以是倒放的一把伞，也可以是一个盒子。虽然太阳能烤箱用到了低温慢煮的技术，但它绝不是现代烹饪的某种工具。这一贯穿古今的烹饪方法是值得称赞的，因为仅需要太阳能即可，所以十分环保。

太阳能烤箱和最前卫的烹饪技术对比，也丝毫不逊色，且除此之外，太阳能烤箱还是一种低成本的技术，所以在众多帮助极贫困地区的方案中，它无疑是不可或缺的。同时，太阳能烤箱能让我们以一种不同的方式来看待和思考未来的烹饪。

需用物品：2个纸箱（一大一小，2个箱子重叠后彼此之间至少有1.5cm的空间距离）、铝纸、报纸、厚纸板（用来作盖子）、反光材料、不透光黑色颜料、胶水、透明烤箱袋或者1块和大纸箱最大侧面面积大小相当的玻璃板。

具体步骤：小纸箱放置并固定在大纸箱中，报纸填充在2个纸箱之间的空隙以增加厚度并充当绝缘层。你所使用的烹饪容器必须略低于纸箱的高度。然后将铝纸粘贴在小纸箱的内侧；剪一块与小纸箱底部大小相同的硬纸板，将其涂成黑色，晾干后放于小纸箱底部。将厚纸板比着小纸箱底部的大小进行裁剪，做成一个盖子，注意不要把这块纸板粘在纸盒上，不然你就无法调整箱子内部的锅子了。再来制作反光板，在大纸箱的盖子上画一个与小纸箱盖子大小相同的矩形，剪开3条边，翻上来后把反光材料贴在里面就可以了。把盖子翻个面，再粘在纸箱上，确保粘紧，由于温室效应，热量便能保留在纸箱中。这样，太阳能烤箱就做好了，一年之中的大部分时间都能用它进行烹饪，如果各方面条件都很好的情况下，达到70~90℃的高温是没有任何问题的。要想知道这个技术的背后藏着什么秘密，又有多少用途，可以从用太阳能净化饮用水开始，或者去找一些食谱来“考验”你的烤箱，还可以去探索国际**太阳能炊具**（Solar Cookers International）的网站，谁知道你会不会也成为太阳能炊具的粉丝呢。

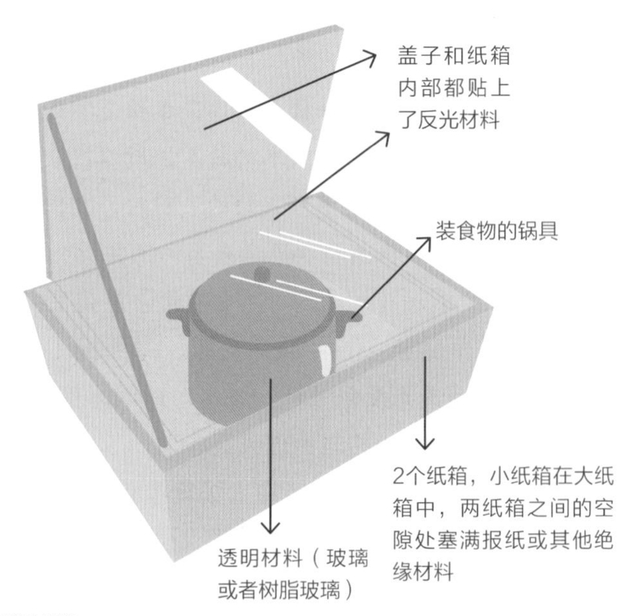

太阳能烤箱

第五章
饮食的智慧

关于热情的小故事

“这叫木蹄层孔菌，是一种可以用作引火物的真菌……它附着于树干上生长，能长得很大。”

“那可以吃吗？”小男孩问道。

“不可以，但你能用它来点火，它是很好的火绒。”

于是我开始用打火石敲打黄铁矿，就像我的考古学教授教给我的那样。不一会儿，打出的火花落在了从木蹄层孔菌上刮下来的干燥绒毛上，火花开始蔓延，之后便形成了一些火星。这些火星点燃了我提前准备在一旁的干草堆，我对着它们长长地吹气，而且是有规律地吹，就像对着壁炉吹气一样。

终于，火燃了起来，美丽的火焰在空中摇曳着。我和小男孩，就像几千年前的人类一样，就这么看着这团火焰，慢慢熄灭，然后消失不见。

“没有食物，任何动物都无法生存，因此可以推论出在大脑组织的演化及由此而引发的行为中食物扮演着尤其重要的角色。”［《嘴对大脑进化的影响》（*Influence of the Mouth on the Evolution of the Brain*），1968年］这句话摘自20世纪极具影响力的生物学家约翰·扎卡里·杨（John Zachary Young）的一篇文章。在这篇文章中，他很好地总结了食物与大脑之间的紧密联系。这两者是如何联系在一起的，我们将根据人类的发展，试着对此进行广义层面上的梳理。

我们的祖先吃什么呢？这是我们应该问自己的第一个问题。我们一直以来都是杂食性动物吗？抛开出于某些个人选择，或是出于健康考虑而放弃食用肉类及其衍生品等因素来看，人确实是杂食性动物。另外一点我想说的是，人类主要吃熟食。为了解释这些关于人类天性的古老问题，我们可以借助一些有趣的旧词，将它们重新组合，并赋予新的含义来进行解释，比如我们接下来将提到的一个新类别——**"吃熟食的动物"**，在这方面我们可是唯一的代表。人类是唯一一种会做饭的生物，人类发现了火，并且懂得了如何用火来烹饪食物，这为人类的进化带来了显著的优势。然而问题在于，这一切是何时发生的。

根据偶然发现的一些细微痕迹，我们可以尝试列出一些假设，再结合合理的故事来证实这些假设。比如，人们通过一些残留的痕迹——在南非的奇迹洞（Wonderwerk）遗址上发现了有人类生火煮食的痕迹，就能推测出在100万年以前，人类的某个祖先常去这个地方用火煮饭。通过对人类和非灵长类动物发育系统的分析比较，研究体重和臼齿尺寸的变化，我们可以得出一个假设，即生活在距今约200万年前的**直立人**，已经懂得烹饪熟食了，并且他们很享受其中的乐趣。但这只是假设，或许在那时，人与火之间只是一次偶然的相遇。

根据现有证据来看，人类用火的历史可以追溯到大约40万年前。25万年前的尼安德特人（在**直立人**过后很久才出现），他们能够征服火焰，但是对于他们习惯用火做饭的这一假设，我们没有太多证据来证明。不过，基于对牙齿的分析，我们能够肯定他们曾经使用过草药和香料。从所有的这些发现和分析中，我们可以得出几个关键信息：人类的食物种类繁多，人类对于不同环境都有一定的适应能力，以及人类缺乏相关的专业知识。然而，也正是对专业知识的缺乏，才促使人类不断地进行探索，并成为推

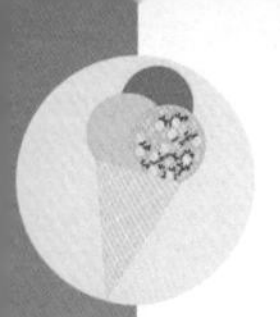

动人类进化的力量。可以肯定的是，烹饪的习惯也影响了我们的社交习惯。对于许多学者来说，烹饪是集体发展的要素，也是新社会的萌芽。

征服火焰并将其用于烹饪的能力推动了人类历史的发展，但是我们无法确定，点燃这一美妙而持久的烹饪热情的第一道火花究竟是何时产生的？我们在试验和假设中进行尝试，就像在参差不齐的灌木丛枝叶中不断摸索前行，我们对人类的起源了解甚微，对未来更是无法预测。

◉ 小牙齿，大头脑

据我们目前所知，大约在600万年前，我们的祖先就从猿类中进化并区分出来了，但人属却在280万年前才出现，而我们**智人**只是其中的一个分支。从解剖层面上观察，与**南方古猿**相比，现代人的大脑更大，下颌骨更小。这一切变化是如何发生的，至今仍是一个谜。某些食物假设论认为，这些变化的产生可能是由于饮食中出现了大量的肉类和熟食，其中含有更为丰富饮食能量，从而引起了这些变化；还可能是由于使用石器工具把食物磨碎后再食用这样的饮食习惯引起了这些变化。所有的这些因素，都能改善饮食质量，从能量的角度来说，它们让食物变得更容易消化，并且膳食更加平衡。从解剖学来看，**能人**和**直立人**的区别更加明显，相较于能人来说，直立人的颅骨体积增大了42%，而牙齿、肌肉和颌骨的大小却进一步减小，包括肠道。

我们通常将两个相互作用的物种在进化过程中的相互适应称为“**协同进化**”（Coevolution），这些变化与大脑容量的增加及咀嚼器官的变小密切相关。

实际上，2016年，美国乔治华盛顿大学（George Washington

University）在科学杂志《美国国家科学院院报》（*PNAS*）上发表的一项研究表明，这些因素之间其实并没有真正的关联，更具体地说，这些变化是因为不同的进化动力所引起的。一些人属在牙齿变小之前已经发育出了较大的大脑，还有一些人属在大脑还很小的时候就能制造并使用石器工具了。这些事实都表明，智力与大脑的大小没有密切的相关性。

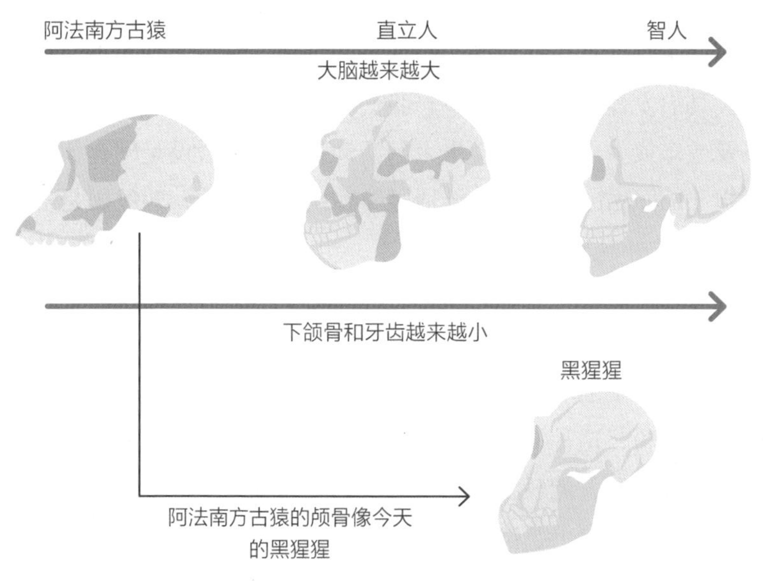

➚ 从阿法南方古猿（三四百万年以前）到智人（二三十万年以前）的大脑容量和出牙的进化过程

更大的大脑需要更多的能量，比如我们的大脑需消耗机体能量收入的20%~25%（对于新生儿的大脑来说，甚至要消耗机体能量收入的67%），而一只猴子的大脑只需消耗机体能量收入的8%。进化带给了我们一个更“饥饿”的大脑！但是，如何满足大脑所需要的更多的能量呢？难道是通过让牙齿更小、咀嚼能力降低，甚至是肠道更短来支撑的吗？肠道的缩短，以及由此带来

的消化过程所需能量减少的情况，在一定程度上能解释为什么人体会将更多的能量供于大脑。这就是所谓的“**高耗能组织假说**”（The Expensive Tissue Hypothesis）。光有这个假说还不够，我们之前提到的另一种假设也是有价值的，即在饮食中引入了肉类并且使用了诸如火等技术，食物为人类带来了更多能量且更容易为人类所吸收。

当然，考虑到烹饪在我们当今社会中起到的重要作用，一种观点认为烹饪食物是出于一种原始的热情，对于推动人类的进化是极具启发性的，这也能解释我们为什么花大量时间在食物上，以及或多或少由食物衍生出来的活动上。这一假设是理查德·朗厄姆（Richard Wrangham）通过一些研究得出的，朗厄姆是哈佛大学的生物学及灵长类动物学家，也是著名书籍《火的智慧》（*Intelligenza del fuocu*）的作者。在这本十分有趣的读物中，朗厄姆提出了一系列支持烹饪假设的论点。比如，他指出在200万年前，在干旱的非洲，块茎等植物已经广泛存在了。这些植物富含一种淀粉，这种淀粉若是生食，则不可消化，但其能量非常丰富，若煮熟后就能轻易被肠道所吸收，而且热量非常高。据朗厄姆称，在大草原上某次偶然发生的大火之后，早期的人类已经品尝到了这些块茎植物被煮熟或者半熟之后的味道。如马铃薯和木薯之类的食品，在人类历史上扮演了至关重要的角色，也对我们又大又挑剔的大脑的进化起到了不可或缺的作用。朗厄姆说，无论如何，不管是块茎植物还是炭火上的肉，都是史前“厨师”的功劳。

数据表明，像猴子一样以生食和素食为基础饮食，需要强劲且持久的咀嚼能力，才能从植物纤维中获取必需的营养。这样的饮食不能带来足够的能量，从而很难满足人体的正常需求，这表明我们的生理及骨骼结构已经适应了基于肉和熟食的饮食。

2011年，朗厄姆在科学杂志《美国国家科学院院报》（*PNAS*）上发表了一项题为《食品热加工和非热加工产生的能量结果》（*Energetic Consequences of Thermal and Nonthermal Food Processing*）的研究，该研究比较了两组老鼠在不同饮食下的热量摄入量，他用4种不同的方法，准备了一系列基于肉类和甘薯的饮食：没捣碎的生食、捣碎的生食、没捣碎的熟食、捣碎的熟食。研究发现，吃熟食的小鼠体重比吃生食的小鼠体重增长了15%~40%。

但这不只是能量和热量摄入的问题，我们还应考虑到熟食的香气所带给我们的愉悦感。从进化角度来看，我们无法解释为什么人类更喜欢诸如经过了美拉德反应加工后的产品（如典型的烤肉）所带来的味道。实际上，就算是吃生食的猴子也喜欢这种加工后的味道，那对于我们遥远的祖先来说，更是如此。

还有另一个假设可以解释在解剖学上我们的骨骼在结构进化过程中的变化，这与使用石器工具把食物捣碎和软化的做法有关，这一做法能减少咀嚼所花的时间和精力。哈佛大学另一位人类学家丹尼尔·利伯曼（Daniel E. Lieberman）表示，我们的祖先在学会把肉煮熟之前，就已经开始吃肉了：240万年前，他们用加工过的石器工具把肉捣碎，还用这些工具做出了面粉和面团。

2016年，利伯曼和他的同事在科学杂志《自然》（*Nature*）上发表的一项研究表明，人类使用工具对食物的处理能够将咀嚼作用减少至少17%，这是导致人类在进化中牙齿变小的一个因素。然而，正如利伯曼本人所指出的那样，所有的这些假设都应该作为一个整体来考虑：第一个进化推动力可能来自使用工具捣碎食物，其次则可能是因为食用肉类和熟食。

最新研究表明，在农业出现之前，我们的祖先已经懂得利用和区分植物。一些研究人员分析了在西班牙考古遗址中发现的化

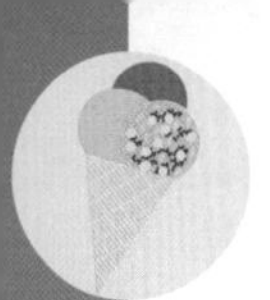

石牙齿，发现尼安德特人（现代欧洲人祖先的近亲，在28万年前已绝种）也能够选择出用于补充营养或药用的植物。他们知道哪些叶子可以用来给口腔消毒，哪些具有止痛作用，哪些可以帮助精神放松（黑猩猩也知道用锦葵来给口腔消毒和缓解疼痛）。甚至在俄罗斯和意大利，在两个彼此相距甚远的考古遗址中，也都发现了可追溯到3万年前的石磨和研杵，上面残留着粉末。这粉末是用香蒲的根茎磨出来的——香蒲是一种十分常见的沼生植物，以其茎细长为特点。

除了我们已经解开的谜题之外，还有很多关于食物、人类及大脑之间进化关系的谜题，这些谜题永远也解不完，但是我们知道，食物将在我们的进化过程中继续起到决定性的作用。用牛奶来举例，它是如何在成人饮食中也占据一席之地的呢？自从人类开始饲养动物以来，越来越多地使用牛奶及其衍生产品，不过消化它们需要借助乳糖酶，然而大多数人在成年之后，体内的这种酶就失去了活性。但是人类与家畜共存的历史悠久，大约在7 000年前发生了一种突变，使得乳糖酶在人类的成年期也具有活性，这种有利的突变保留了下来，这只是我们与食物之间相互适应的众多例子之一。

◉ 冰山上的奇案：奥兹

冰人奥兹（Ötzi）的腰上绑着一个袋子，里面装着点火的必备品：一块上等的担子菌。这种真菌属于层孔菌属，生长在树干上，可以用来引火——用打火石和黄铁矿相互击打产生出的火花就能点燃。很快，我也集齐了所有打火所需的材料，在一个热衷于实验的考古学朋友的宝贵建议下，我学会了打火，火温暖了我，就像它曾温暖了奥兹一样，他从铜器时代（公元前3300年）

来到今天……向我们讲述了他的故事。

1991年9月，在意大利和奥地利的边境上，两名登山旅行的德国夫妇在海拔3 210 m的锡米拉温避难所附近的奥茨塔尔阿尔卑斯山脉的小道上，发现冰上出现了一具尸体。他们当即认为，这应该是一个在某次意外事故中丧生的攀登者。因为登山过程充满各种风险，在山上和冰层中发现遇难者的尸体，这种情况并不少见。

后来，当把这具尸体运送到因斯布鲁克大学之后，研究人员们才意识到，他们要面对的是一次不寻常的发现。这位遇难者实际上已经死了5 000多年，阿尔卑斯山上的那片永久冻土就像他的时光机，让他保持着完美的状态，一直到今日。他被取名奥兹，45岁，45 kg，黑眼睛，根据基因分析伴有乳糖不耐症。奥兹体内发现的花粉可以追溯到他去世的前几天，这表明他在冒险进入塞纳莱斯（Val Senales）冰川之前曾在温施高（Val Venosta）的森林中徘徊过。从他身上的伤口来看，他可能还度过了一段动荡的日子。

根据验尸官的说法，除了因箭导致的肩膀上的撕裂之外，奥兹的右手上还有一道深深的切口，这道切口可追溯到他去世的前几天。

但是，我为什么要在一本专门讨论食物和烹饪的书中讨论木乃伊呢？这是因为奥兹不仅仅是一具木乃伊那么简单。正是由于在他胃里发现的食物残渣，我们才可以准确地推断出他在生命的最后一天吃了什么东西，同时也可以更加确定地回答这个问题——我们的祖先吃什么？通过一些分析，包括对食糜的分析，研究人员们在他的肠道中发现了他最后一餐食物的残留物，由此可推断出他的饮食十分丰富。在这具木乃伊的周围，研究人员还发现了北山羊肉和鹿肉的脱氧核糖核酸（DNA）痕迹，以及北山

羊椎骨的碎片和黑刺李树的浆果，这些浆果和李子一样，可以当作干粮。磁共振成像发现了奥兹体内胆结石的存在，表明他的饮食是以肉类为主的。我们不知道他是否吃过奶酪或奶制品——尽管基因测试表明他乳糖不耐受，但他很可能生活在牧民和农民组成的群体之中。研究人员还发现，像小麦之类的谷物都被磨成了十分精细的粉末，由此我们认为这些粉末是可以用来做面包的，而不只是用来做汤。此外，奥兹的衣服面料主要是用山羊和绵羊等动物的皮毛制成的。其他可以确认的信息是通过对其头发和骨骼组织中稳定的碳同位素和氮元素的分析来看，大约30%的氮来自动物蛋白，其他的氮来自植物。而对其牙齿的分析结果也符合混合饮食的假设，淀粉含量丰富，还有谷物汤和面包。

鉴于他最后一顿饭的质量，很明显，奥兹并没有受到太大的威胁，或者更确切地说，虽然所有的要素都指向他曾是一个处于逃亡之中的人，但他或许是在设法吃了最后一顿饭之后，遭遇杀害，并在惊恐之中死去。

在他的肠道中发现的小孢子花粉和从树上新鲜采摘的枫叶可以确定，他的死亡时间是在初夏。作为一则合格的新闻，肯定还需要报道出这场谋杀的动机。根据德国慕尼黑警察局长亚历山大·霍恩（Alexander Horn）的最新调查结论表明，对于谋杀他的动机仍然存在很多谜团：为什么要杀他？为了寻仇？他为什么走到海拔如此高的地方？或许我们永远也找不到事情的真相。这个案子一直悬而未决，或许是奥兹并不想给我们透露其他有趣的故事，谁知道呢。

◉ 胃里有洞的猎人

光是看到一块蛋白夹心饼，我就会想流口水。在我还没吃到食物甚至还没闻到香味之前，简单看一眼食物就能激活我的身体。这是为什么呢？我想，这都是大脑惹的“祸”。但是大脑是如何做到的呢？看一眼，闻一下，甚至只是想一想我想吃的东西，唾液量都会增加。每当我们吃东西时，舌头上的神经末梢，也就是所谓的“**味觉按钮**”（Taste Buttons）就会受到刺激，进而向大脑中的味觉中心发出信号。这些信息有助于我们称之为“**味道**”的这一复杂感官的形成，还能激活我们的唾液腺分泌，为长时间的消化做好准备。即使我们嘴里什么都没有，这些过程也是能够发生的。每当我们看到美食的图片，听到与食物记忆相关的声音，或者闻到香味时，都会触发这些条件反射。

你可能听说过巴甫洛夫（Pavlov）著名的狗实验。1903年4月23日，在西班牙马德里举行的一次国际医学大会上，俄国生理学家伊万·彼得罗维奇·巴甫洛夫（Ivan Petrovič Pavlov）发表了一篇题为《动物的实验心理学和心理病理学》（*The Experimental Psychology and Psychopathology of Animals*）的文章，他在文中阐述了他对动物条件反射研究的结果。

巴甫洛夫的实验展示了在听到与进餐有关的铃声之后，狗的唾液量是如何增加的。他通过在动物身上安置可以收集其腺体分泌物的小通道——胃瘘管来进行研究，证明了大脑不仅能控制社交行为，还能控制生理行为。正是他的这项研究，让他于1904年获得了诺贝尔医学奖。

其实，那些所谓的创新想法在经过仔细考证之后，我们就会发现它们都源于过去被遗忘了的某个迹象或痕迹，这在科学领域

中时常发生。实际上，巴甫洛夫很可能知道，在世界另一端的美国，早在一个世纪以前就有人用了和他类似的方法，对人类消化行为进行了研究。把逃亡猎人奥兹的故事和巴甫洛夫拴在皮带上的狗的故事联系在一起，提取其中所有重要的元素，我们就能够想到另一个颇具悲剧色彩的故事，但是这个故事也为我们认识消化过程做出了重要的贡献。这是一个关于一个人胃里有洞的故事，他不是像巴甫洛夫的狗一样食管被切断而导致的胃空，而是他的胃确实被刺穿了数十年。

威廉·博蒙特（William Beaumont）是美军外科医生，驻扎在加拿大边境的密歇根州北部的麦基诺岛。他在1822年6月6日被要求为年轻的加拿大猎人亚历克西斯·圣马丁（Alexis Saint Martin）提供帮助，若非因为这件事，可能很多人都不认识博蒙特。圣马丁在一次意外中受到枪伤，腹部受伤严重。虽然博蒙特没有专门学过医学，他只不过是在1812年的英美战争开始后，在医学领域实习过很长时间，但是他的经历让他成为治疗此类伤口的最佳人选。当博蒙特到达事故现场时，他发现圣马丁躺在血泊中。圣马丁的伤口很深，看得见肋骨和食物残渣，他只要咳嗽一声，那些食物残渣就会从他那被刺穿了的胃里流出来，或者说，这些食物残渣恰好是他最后一顿没消化掉的饭。

这次的见面永远地改变了他们两个人的命运。博蒙特设法挽救年轻的圣马丁的生命，但他也因对患者近乎监禁的做法和患者需常年忍受痛苦而备受谴责。在博蒙特观察圣马丁的伤口后，他意识到圣马丁身体侧面的洞已经变成了瘘管，不太可能愈合了，半消化的液体和少量的食物不断从那里流出来，他却因此得到了启发：正是由于胃上这个洞的存在，年轻的圣马丁能帮助他探索消化的秘密，他能直接观察到消化的真实过程。对于博蒙特来说，这是一个把自己从医学界边缘“拯救”出来，并走向永恒的荣耀之路的大好机会！博蒙特继续照顾着这位焦虑的年轻人圣马丁，为他支付治疗费用，并补偿了他的损失。作为回报，年轻的圣马丁给了他研究自己胃的特权。

不到一年半的时间，圣马丁的胃的开口处就长出了肉瓣，就像一个小盖子，可以防止食物再漏出来，只需轻轻按压它，就能让食物直接进入胃里。而博蒙特甚至用一根丝线绑住了这个肉瓣，以便之后能找回来，这样他就能通过这个瘘管来采集胃液样本，以此来研究食物的消化时间并观察食物的消化过程。

在最初的几个月中，这个年轻人出于感激之情接受了这一系列的治疗和试验，虽然有时会非常痛苦，甚至痛到晕厥。然而，随着时间的流逝，常年病痛的折磨让他愈加难以忍受，所以他几次试图逃脱。毕竟，两个人的“共生”关系是无法持久的，而且，尽管博蒙特竭尽全力，却没有换来他梦寐以求的名望和科学界的认可，也没能改善圣马丁的病情，圣马丁的生命被酒精消耗掉了——确切地说，是被胃上的这个洞消耗殆尽。圣马丁于1880年去世，享年86岁，他的伤口伴随了他整整58年。

据说，圣马丁的亲戚先让他的尸体快速腐烂，然后再把他埋在一个没有名字的坟墓中，这样就再也不会有人来对他进行研究了。直到1962年，人们才获知他坟墓位置，加拿大科学协会在魁北克小镇若列克（Joliette）的一座教堂里，在他的坟墓旁设了一块碑来纪念他。而博蒙特又怎么样了呢？1853年，他在一次小事故中去世——他在一个患者家门口结冰的台阶上滑了一跤，摔到了头部，成了他的致命伤。

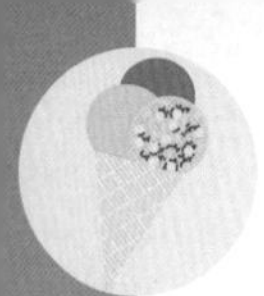

◉ 我的肚子里也有一个大脑！

难道你从没有觉得你的肚子也在引导着你吗？当然，这只是一种说法而已。通常来说，我们的活动多是出于一种本能"冲动"，并且有些"冲动"往往是不需要过脑的。就连研究人员在谈到我们的胃肠时，也越来越多地提到第二大脑，用以暗指胃肠神经系统，强调其与大脑及某些特定部分（比如大脑中的边缘系统和情绪中心）的紧密联系。研究人员发现，在我们的消化系统中（胃、小肠和结肠）存在着大量的神经组织，这就像一个独立的"大脑"，其中拥有超过5亿个神经细胞和大约1亿个神经元。如果和人类大脑中的860亿个神经元相比还真不算多，但也几乎是一只老鼠大脑神经元数量的2倍之多了。第二大脑能感知并转移食物，激活所有对消化有用的元素，并使这些元素之间相互作用。

另外，上方的"高级"大脑能整合来自下方"次级"大脑的信号，并且还能通过替代或抑制信号的方式，干扰"次级"大脑。以饥饿为例，当我们的胃空了的时候，胃会产生一种叫作**生长素释放肽**的激素，也就是**胃饥饿素**，我们的大脑就会接收到一个清楚的信号：我饿了，我要吃东西！

胃得到满足后，就会发出"停止"的信号。但是，如果胃发出的这些信号被忽略了怎么办？研究两个大脑之间的对话是十分有趣的。饥饿信号是可以被忽略的，即使是以不正常的方式，就像可以忽略"停止"信号一样。忽略了"停止"信号，尽管第二大脑表示它已经有足够的能量了，我们还是会继续进食，直到把胃吃撑。这一紧密的关系还能用来解释胃肠道疾病，比如结肠炎及所有类似的问题，这些疾病都与压力或者强烈的情绪有关，而这些问题也会对我们的胃产生影响。

我们所了解到的还不够多，这无疑是一个复杂的主题，需要研究整个有机体。实际上，我们越来越清楚地认识到，肠道微生物群，也就是生活在肠道中的微生物、细菌和酵母。它们不仅能影响我们的身体健康，还能影响我们的大脑、免疫系统和对压力的反应。根据实验室中对豚鼠的研究来看，它们或许还能影响我们的认知功能，比如记忆。精神生物学是一门新兴的学科，该学科还试图研究是否能够控制肠道、微生物群和大脑之间的持续交流，并通过这种形式来对心理产生积极的影响。我们可以将肠道视为一种必须精心照料的植物，它需要营养及富含微生物或肠道菌的物质来产生基本的神经递质，比如血清素，这是一种有助于保持情绪稳定的物质，或者y-氨基丁酸（GABA），这一物质对于焦虑症有基本的抑制作用。这些物质都有助于我们那漫长而复杂的消化过程。在这消化过程中，我们吃的东西转变为能量，转变成组成身体结构所需的一部分。它对我们生活产生的影响，远超出我们的想象。

食物要进入我们身体，咀嚼是起点。在咀嚼过程中，唾液和唾液酶将食物转化为食物团，食物团沿着消化道继续前进，通过所谓的**肠道蠕动**，被肌肉推动前行数十米，随后进入胃，再穿过肠道，最后作为废物从肛门排出去。

假如我们把一个人的整个消化系统展开，其长度为10~12 m，若是食草动物的消化系统，比如牛的消化系统，其长度甚至能达到40 m。食物在我们的身体里进行着持续数小时的旅程，穿过胃之后，需要花3~10 h才能穿过整个小肠，接着通过肠道的蠕动，移动到消化道的最后一段，最后到达大肠，并在大肠中停留48~72 h，这段时间里，我们吃的食物中对我们身体有用的物质将被提取出来。

我小时候吃过午餐之后，需要在泳池旁大遮阳伞下经过漫长的等待，才能去玩跳水，我们都知道这漫长的等待是没用的。不要生气，也不要责怪你的消化系统。实际上，人在饭后立即浸入水中，本身不会产生任何消化过程的“休克”或阻塞问题：我们的身体知道如何平衡血液供应，同时也没有任何文献提到有关食物、跳水和溺水之间关联的信息，我们只需要具备一些基本常识即可。在炎热的夏天，建议食用便餐，简单的饮食不会对我们的身体机能造成负担。并且游完泳后，你的第二大脑会发出饥饿信号，示意身体需要补充能量。

多感官美食

“起先我掰了一块‘小玛德莱娜’放进茶水准备泡软后食用。带着点心渣的那一勺茶碰到我的上颚，顿时使我浑身一震，我注意到我身上发生了非同小可的变化。一种舒坦的快感传遍全身，我感到超尘脱俗，却不知出自何因。我只觉得人生一世，荣辱得失都清淡如水，有时遭劫亦无甚大碍，所谓人生短促，不过是一时幻觉；那情形好比恋爱发生的作用，它以一种可贵的精神充实了我。也许，这感觉并非来自外界，它本来就是我自己。我不再感到平庸、猥琐、凡俗。这股强烈的快感是从哪里涌出来的？我感到它同茶水和点心的滋味有关，但它又远远超出滋味，肯定同味觉的性质不一样。”

我合上书，我在床上翻来覆去很长时间，我在阅读中享受着普鲁斯特的玛德莱娜小蛋糕。这是一本经典小说第一卷中的文字，无论何时都经得起考究。而如此简短的文字，也使我的记忆突然变得清晰起来。普鲁斯特的文字甚至比玛德莱娜小蛋糕的香味和莱奥妮姨妈的茶的味道更浓郁。

片段摘自马赛尔·普鲁斯特（Marcel Proust）的史诗级小说《追忆逝水年华》的第一卷，每当谈论起食物和大脑时，我都会重新翻开来看看。

品尝一块浸在茶水中的**玛德莱娜小蛋糕**，这样一个简单的举动，突然间唤起了主人公的记忆，那是一段童年记忆。“**普鲁斯特记忆**”或者“**非自愿记忆**”是作者自己使用的“术语”。我们知道，大脑很容易遗忘，而且是不由自主的，但与此同时，在受

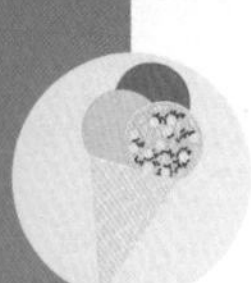

到某种刺激后，比如闻到一股香味，记忆就像从一个不透明的浴缸中重新浮现了出来。然而，根据最新的研究，在思想和言语的刺激下，记忆似乎可以以一种更加强烈和突然的方式重新出现。

你可以试着描述一种味道，比如玛德莱娜小蛋糕的味道，不要用萜烯、柠檬烯、柠檬醛或香草分子这些词，而要用我们平常聊天时会用到的形容词来唤起这种味道。如果不借用其他感官，是很难描述的。味道可能是甜的、酸的、刺激的或者温和的，我们可以用各种与味觉和触觉相关的形容词，以及那些标志着嗅觉与其他感觉之间深层联系的形容词来描述这些味道。在所有的感官中，嗅觉是最不可思议的，或者说是最迷人的，不仅是因为它与我们的潜意识有着密切的联系，而且从解剖学的角度来看，还因为嗅觉感受器是朝着外界的。嗅觉感受器，即嗅觉上皮组织，位于鼻腔顶部，是大脑暴露于环境的一部分，是能与挥发性气体分子相结合的受体，结合后会将信号传送至大脑。嗅觉和味觉感受器中的细胞都仅能存活几天，它们不断被新的细胞替换，因为这些细胞（尤其是嗅觉上皮细胞）处在保护不周的环境之中：事实上，鼻黏膜和口腔黏膜直接暴露于外部环境，可能会对它们造成损伤。嗅觉和味觉一样，能帮助我们分析所接触到环境中的分子，并把有害的分子与无害的或是有用的分子区分开来，从而避免我们因为自身的好奇心而受伤。气味的好坏并不取决于分子的类型，而取决于人类的历史和文化背景，几百万年的进化让我们能够对有气味的分子进行分类，让人类能从种种危险中幸免。嗅觉与我们大脑中最原始的区域相关：负责记忆的海马体及控制情绪的杏仁体和边缘系统。

因此，根据与之相关的正面经验或负面经验，对于同一种味道，有的人觉得是香的，而有的人可能会觉得是恶臭。

即使我们的嗅觉算是动物界中不发达的，嗅觉专用的神经元数量也相对较少（更不用说辨别能力更低的味觉了），我们仍然能够识别多达1万种不同的气味。如今，有人认为我们能识别的气味种类甚至更多。气味分子激活嗅觉神经元的组合，而每个嗅觉神经元都有多种组合方式，所以最后可能得到的组合也有很多种，这就解释了我们所具有的识别大量气味的能力，以及嗅觉系统的辨别能力。比如，在结构上非常相似的两种气味分子（庚醇和庚酸）能激活神经元的不同组合，从而产生截然不同的两种味道：一种是清香，一种是恶臭。

生物学家琳达·布朗·巴克（Linda Brown Buck）和医学家理查德·阿克塞尔（Richard Axel）的研究对气味的理解来说至关重要，2004年，他们因对于嗅觉受器和嗅觉系统组织的研究获得了诺贝尔医学和生理学奖。最近的一项研究中，探索了嗅觉在食物味道的产生中扮演着怎样的角色，接下来我们会谈到这一点。同时我们还将了解嗅觉是如何与味觉联系在一起，并与之共享相似机制的。其中，所谓的**加西亚效应**（Garcia effect）指的是使人们对食物的气味和味道产生厌恶感，人们在摄入这种味道后会产生不适，尽管这种不适不是由食物本身引起的，而是人体自动采取的一种能够避免食用潜在有毒物的防御措施。

实际上，我们吃饭时涉及所有的感官，不仅仅是味觉和嗅觉。无论是神经生物学家、厨师还是普通的美食爱好者，都用他们各自的方式，越来越强调多感官烹饪的体验。人们不禁会感叹："这多么新奇啊！"就如所有的烹饪都只是分子形式的，那么从其本质上来说，它只是多感官形式的。我们喜欢"多感官"这个标签，有时我们会觉得贴一个标签是有用的。

◉ 美食狂想曲

你最喜欢吃的一道菜，可能是儿时的味道，也可能是顶级厨师为你准备的你梦寐以求的一餐，不过无论是哪一种，它们都是你大脑中的奇妙创造。在这团只有1.5 kg的柔软且复杂的物质中，味觉、嗅觉和大脑其他区域之间不断发生着联系，而也正是由于这些关联性，才能够让我们在吃到一盘美食的时候，感觉到愉快，以及产生感官上的满足。可以想象一下，电脉冲旋涡遍及整个神经系统，包括大脑皮层、感觉器官及掌管愉悦感和记忆的中心，错综复杂的网络连接能够把一部分分子和脑电波“转化”为一顿美味的大餐。

当我们谈论起多感官美食时，首先想到的是赫斯顿·布鲁门塔尔（Heston Blumenthal），他是一名自学成才的厨师。1995年，他在伦敦西部的中世纪小镇布雷（Bray）开了家著名的肥鸭餐厅（The Fat Duck），是街边一家简简单单的小餐厅。十几年后，这家餐厅获得了世界最佳餐厅的称号，虽然历经几次波折，但它仍然是当今最著名的餐厅之一，仍然是一个小小的美食圣殿。真正有意义的烹饪能同时为我们的眼睛、耳朵、鼻子和嘴巴带来惊喜，而每份菜单都是一趟对自身感官“悉心照料”的旅程。其中，肥鸭餐厅最著名的一道菜就是“海洋之声”——一个装上了音乐播放器的贝壳，里面连接了两副耳机，海洋之声从中而来；一个由木薯粉制成的盘子里装了炸鳗鱼；用海藻肉汤和3块生鱼片制成的“海洋泡沫”；3块分别取自黄鳍金枪鱼、鲭鱼和大比目鱼（大比目鱼是一种与生活在寒冷海域的大鳎目鱼类似的鱼）的生鱼片。人们可以一边享受美食，一边聆听海洋的声音。这毫无疑问是一次有趣、有吸引力并能令人感到愉悦的体验，当然，这家餐厅的其他菜肴也一样美味。即使离开了布鲁门塔尔的餐厅，每当我在地中海8月的酷暑中，在海边露台上吃着新鲜捕捞的鱼，喝着埃特纳白葡萄酒时，我都能享受到和在他的餐厅中体会到的同样的多感官愉悦——这便是烹饪的美妙之处，但是，布鲁门塔尔的功劳不仅在于他的多感官研究，还在于他激发了许多研究人员致力于研究大脑是如何重构美食的味道的。

当我们谈及食物的味道时，我们经常以一种通用但并不准确的方式来使用“**味道**”（Taste）这个词，这个词仅能说明我们嘴巴中味觉感受器的刺激作用。我们品尝到的食物味道源于其中的水溶性分子，这种分子能溶解于唾液中，并能刺激舌头黏膜中的味觉感受器，以及软腭、脸颊、咽部和食管中的部分**味觉感受器**。这些感受器是特定的细胞，具有与神经元相似的特点，并处于我们称之为**味蕾**的结构中，而味蕾则分布在舌面及其边缘，还有就是在黏膜增厚的舌乳头中。舌乳头有很多种类型，根据其外观的不同而各自得名：**菌状乳头**，主要分布在舌尖；**叶状乳头**，分布在舌头靠后位置；**轮廓乳头**，在舌背上形成一个对齐的倒V形；**丝状乳头**，分散在整个舌背上，不能感知味道，但具有机械性的功能和触觉功能。基于离子、糖、酸和特定氨基酸的浓度变化，每种受体都能以不同的强度对所有基本味觉的刺激做出反应。产生的信号会发送至大脑，而在大脑的神经回路中就会形成知觉，由此，我们有了5种基本味觉：苦、甜、咸、酸、鲜。

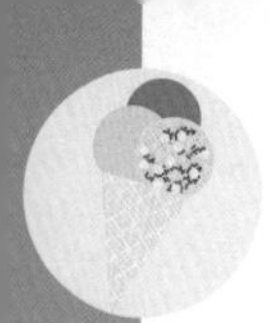

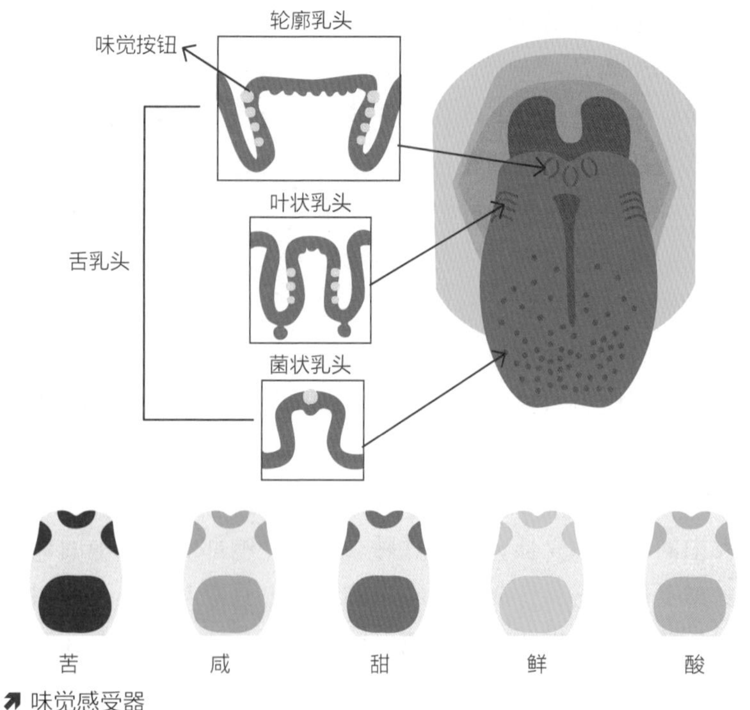

↗ 味觉感受器

我记得在中学的科学课本上，绘有一个彩色的舌头，舌头上的不同区域涂上了不同的颜色，对应着不同的味道。有人认为舌头上存在一张味觉分布图，每种味道对应着舌头上的不同区域，而这种想法竟然来自一个令人难以置信的误解。1901年，德国研究人员D·P·哈尼格（D·P·Hanig）发表了一篇题为《味觉的心理物理学》（*Zur Psychophysik des Geschmackssinnes*）的文章，他在其中谈到了舌头的不同区域对味道感知阈值的细微差别。哈佛大学著名心理学家埃德温·波林（Edwin Boring）将这篇文章翻译成了英文，但他改变了原作者的意思，他翻译为了舌头上的特定区域只能感知到特定的味道。根据那张舌头味觉分布图，就算在你的舌尖上放盐，你也应该感觉到甜，不然你的味觉就有问题！直到1974年，科学界才开始反驳这一观点，后来，来自匹兹堡的心理学家弗吉尼亚・B・科林斯（Virginia B. Collings）重新查看了原始文件，原始文件表明，舌头上的不同区域对味道的敏感性不同，不过这些差异很小。

5种基本味觉中的最后一个是鲜味，也就是肉汤、帕尔玛奶酪或者酱油的典型味道。在日语中，**鲜味**指的是“鲜美可口”（Tasty），这个味道是1908年由东京帝国大学（现东京大学）的化学家鉴定出来的，但是直到2000年，在发现了与蛋白质识别有关的受体之后，鲜味才被列入了基本味觉之中。带来鲜味的谷氨酸钠是一种由钠离子与谷氨酸根离子形成的水合盐，是构成蛋白质的天然氨基酸之一。它存在于许多蛋白质食品中，尤其是在发酵好的奶酪和肉中。谷氨酸盐还能用作食品添加剂，能够为袋装食品及蔬菜汤或肉汤进行调味。正是由于它与味觉这一相关的特性，它还能作为一种治疗手段，为食欲不振的老人或者接受化疗的重症患者提升食物的可口性。

苦味受体会被多种分子所激活，其中包括生物碱，比如尼古丁、奎宁、吗啡、士的宁和利血平，它们不但具有苦味，在多数情况下还是有毒的，我们与之接触时会感到恶心，也正是这一点防止了我们误食。我们识别苦味，就像识别出熟透水果所散发出来的香甜味一样，这无疑给我们带来了进化的优势，人类至少拥有二十几个苦味受体基因。我们对苦味的厌恶来源于一个特定的基因族——味觉受体2型成员（TAS2R）。在高加索人种中，因为缺乏相应的基因，他们有1/3的人是尝不出苦味的，比如苯硫脲（PTC）——这是一个与所属民族有关的分子，又或者是异氰酸酯——在卷心菜和西兰花中存在。如果确实可以通过经验和教育让我们对更多食物有正确的认识，那么遗传学就能让这句拉丁语格言重新进入人们的视线：**趣味无可争辩**（De gustibus

non disputandum est）。另一方面，还有研究表明，摄入过多的酒精，会降低我们对苦味的厌恶感。另外，由于我们体内存在着对苦味排斥的基因，因此，我们更多摄入的是碳水化合物和甜食。

如果对于口味偏好的遗传倾向确实存在的话，那么了解这些偏好也有助于控制由此导致的后果。除了基因之外，经验也起着重要作用。尤其是成年之后的经历决定了成年后的饮食偏好。甚至还有一些研究表明，母亲能通过羊水影响腹中胎儿的饮食偏好。

通过动物实验表明，关于对味觉刺激进行回应的神经组织，存在3个等级。第一级是根据接受或拒绝的反应，来大致区分出潜在的营养食品和有毒食品，这是一个即使在脑死亡的大鼠中也能观察到的非常简单的机制。第二级涉及丘脑和所谓的**初级味觉皮层**，它能够区分不同的味道，以及能对来自其他感官发来的味觉信号进行整合，特别是对来自口腔和三叉神经的味觉信号。在第三级也是最后一级中，有眶额皮层和所谓的**岛叶味觉皮层**，这个区域位于大脑深处的颞叶和额叶之间，它也参与了部分与情绪有关的过程。这个区域负责味觉的认知功能，与其他感觉系统的交互作用，以及对行为的控制。它不局限于对味觉刺激的纯粹分析，还能评估食物的可口性。正如我们之前说过的，味觉和嗅觉并不是唯一能影响我们饮食偏好的因素，了解其他感官的感觉输入及大脑的所有高级功能，这是一件有趣的事。不同的感官和不同的大脑功能通过味道而相互作用，以帮助我们感受食物和环境之间复杂的动态变化，每当我们进食时，都能感受到这种变化。

在2000年初，人们开始讨论起“神经美食学”，这是耶鲁大学的神经科学家戈登·谢泼德（Gordon M. Shepherd）创造出来的新词，谢泼德是《味觉起源》（*All'origine del gusto*）（2014）一书的作者。神经美食学研究的是我们的大脑如何通过记忆、情感、回忆和感官创造出食物的味道，谢泼德的研究主要集中在味道和嗅觉之间的相互作用上。对于食物味道的感知首先来自味道、鼻后嗅觉及三叉神经的刺激，三叉神经中也包含了感觉神经，能够收集比如吃到冷、热、辣等食物时的感觉。正如谢泼德向我们展示的那样，我们有两种嗅觉系统：即前鼻通路系统和鼻后嗅闻系统，而嗅上皮受体既会受到呼吸时气味分子的刺激（**前鼻通路**），也能受到从口腔中释放出气味分子的刺激（**鼻后嗅闻**）。鼻后嗅闻是指在咀嚼过程中，从口腔后部经过鼻咽直至嗅上皮的运动所产生的刺激作用。

谢泼德说，前鼻通路对于我们建立所谓的味道没有帮助，就像是一场幻觉，其实什么实质内容都没有，所以我们只需管好自己的嘴就行了，而鼻后刺激，这是一种令人惊奇的感觉，能让我们在每次吃东西和呼吸时都感知到味道。早在19世纪，布里亚・萨瓦兰（Jean-Anthelme Brillat-Savarin）在《厨房中的哲学家》（*Fisiologia del gusto*）中就已经有了类似说明，他认为鼻后嗅闻对从口腔后部散发出来的气味有贡献。这一点很容易试验：捏住鼻子，往嘴里放些草莓软糖，然后咀嚼。这种情况下，你只能分辨出糖果的甜度、少许酸度和柔软度，但是你一松开鼻子，所有的感觉突然之间都会变得清晰起来，还能感觉到草莓的香气。你还可以尝试吃一勺的肉桂粉：如果你捏住鼻子吃，你会感觉你在吃沙子，但是只要一松开鼻子，你就会感觉到愉悦，就会感受到肉桂的香味。

实际上，要激活大脑皮层上的嗅觉，只需要看一眼食物就足够了。从多感官角度讲，当我们谈论到食物的味道时，除了味觉带来的味道和嗅觉闻到的香气，我们不能忘了还有视觉、触觉和听觉。对于多感官风味感知的重要研究最初是来自牛津大学实验心理学系跨模研究实验室的负责人——著名且有争议的心理学家

查尔斯·斯彭斯（Charles Spence）。斯彭斯跟其他人比起来，更善于感官和食物之间的研究，他与布鲁门塔尔等大厨们合作，利用报纸的头条版面，以及在可靠的科学周刊上发表高质量的研究报告，追逐食品行业的利益。在2008年，他与他的同事，心理学家马西米利亚诺·赞皮尼（Massimiliano Zampini）一同获得了搞笑诺贝尔营养奖。该奖是由《科学幽默杂志》（*Annals of Improbable Research*）颁发的，颁发对象是那些奢侈和有趣的荒谬研究，不过这些研究并非没有科学价值和可靠性。而斯彭斯所研究的就是在吃炸薯片时，发出的"嘎吱嘎吱"声对于感知美味和鲜度方面的影响。

通过控制我们吃薯片时听到的声音，能改变我们对薯片的感知。清脆的嘎吱声能让我们觉得薯片吃起来更脆，就像刚炸出来的一样。每种食物都能发出声音，而且每当我们吃东西时，我们都期望听到通过食物产生的声音。比如，我们对食物松脆度的判断直接来自咀嚼过程中发出的声音，这些声音通过骨骼传播到内耳，再通过空气传播出去，我们的大脑能自动并快速地整合这些信息。

关于这方面，我们不禁想知道，用餐地点的氛围或者美食与音乐的结合是否也能改善对饮食的体验呢？如果你晚上吃寿司，你会选择听什么音乐？斯彭斯会建议听经典的歌曲，比如妮娜·西蒙（Nina Simone）的《感觉很好》（*Feeling good*），或者法兰克·辛纳屈（Frank Sinatra）的《给我的宝贝》（*One for my baby*），而布鲁斯·斯普林斯汀（Bruce Springsteen）的复古歌曲《在黑暗中舞蹈》（*Dancing in the dark*）或者皇后乐队的《摇滚起来》（*We will rock you*）则是辛辣美食的绝妙搭配。总的来说，斯彭斯认为高音能增强甜味，而低音增强苦味，这可能是因为人们在产生这些味觉时常会用不同的声音来

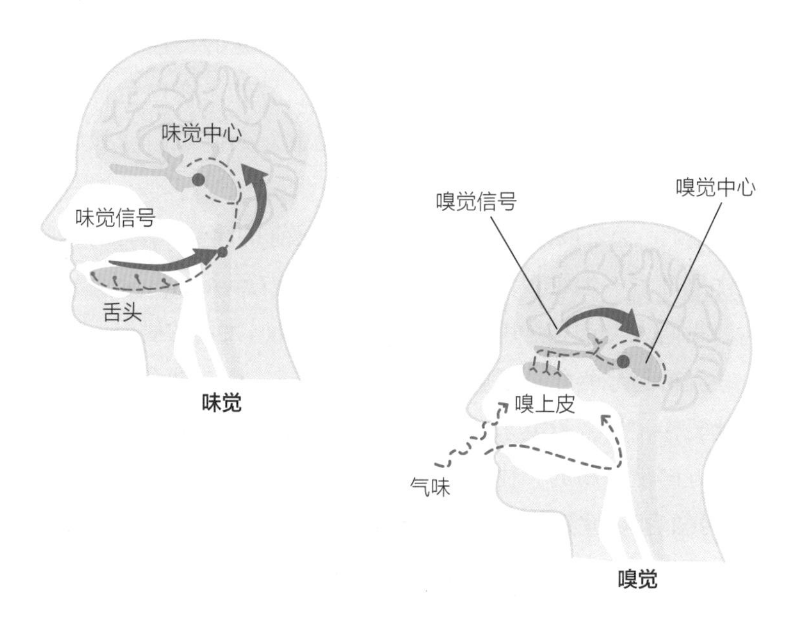

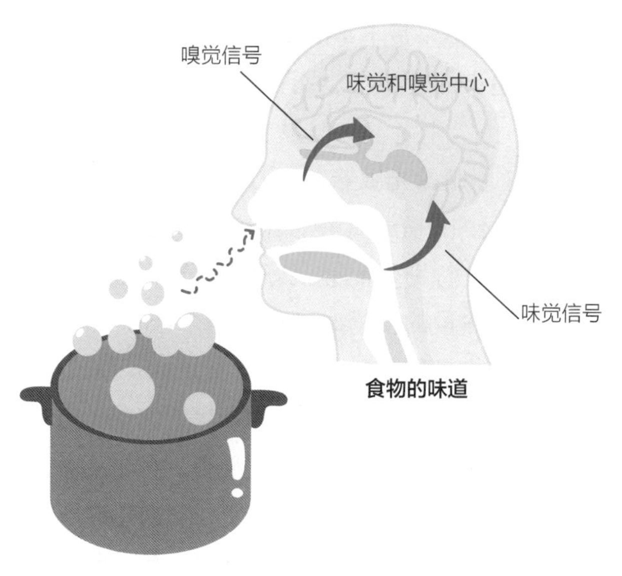

➚ 味道进入大脑的路线

表达，如新生儿在感觉到甜味时会发出清亮的笑声，而当他感觉到苦味时则发出一种低沉的厌恶声。另外，在白色背景中带有强烈噪声的环境，比如飞机的机舱中，人们对甜味和咸味的感知会降低。

最后，我们来谈谈视觉。早在公元前1世纪，罗马的厨师兼美食家马可·加维奥·阿比修斯（Marco Gavio Apicio）就已宣称，我们人类首先是用眼睛"吃"饭。根据大量的研究，以及对一些流行趋势变化的了解，我们必须认同一点，即食物的形象越来越多样，越来越复杂了。从进化的角度来看，视觉在增加生存概率方面是有用的，比如，在我们用到嗅觉和味觉之前，视觉就能帮我们找出并选择出最有营养的食物。

进化假说中有一个观点认为，人类和灵长类动物所拥有的三色视觉原本是为了眼的适应作用而发展出来的，这种适应作用有助于从丛林中选择能量最丰富的食物。当时，食物肯定不是像现在这样摆放在超市的货架上，而是需要人类在茂密的丛林间去发现。

在视网膜（眼睛的光敏器官）上存在着能调谐红、蓝、绿这3种不同波段光谱的感光器（视锥细胞），这种构造让我们能够看到大量的颜色，特别是能够很好地区分红色和绿色。在我们寻找富含营养和热量的食物时，如果是未经加工的食物，那么其颜色就能作为热量摄入量的良好预测指标：偏红的食物可能比绿色的食物更有营养。意大利国际高等研究院（SISSA）神经科学与社会实验室的神经科学家拉法埃拉·卢米亚蒂（Raffaella Rumiati）对此进行了一系列研究，表明我们的视觉系统已经适应了这一规律性。这是一种非常古老的机制，其实也同样适用于加工食品，但是在这种情况下，由于加工会掩盖食物本来的颜色，那颜色也就不能作为热量摄入量的有效指标了。与生食相比，我们更喜欢吃熟食，但就加工后的熟食而言，其中的红色或绿色并不能为我们提供有价值的信息。因此，我们可以认为，大脑其实并没有将这一识别规则应用于加工食品，所以我们便会认为这是一种很古老的机制，早在人类学会烹饪之前就出现了。除了食物之外，颜色对于其他事物来说是没有作用的，因为其他事物不存在与颜色有关的偏好。

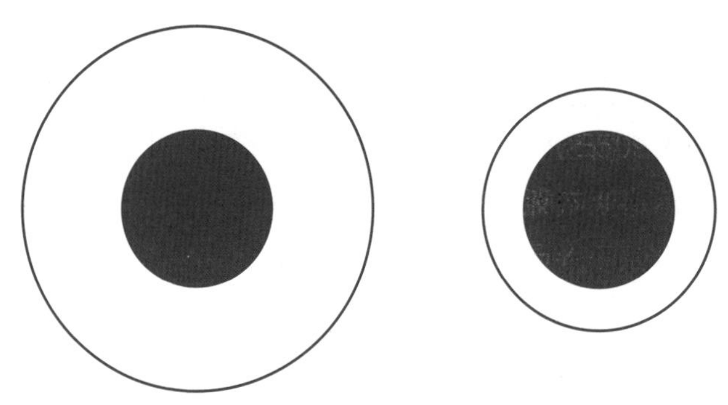

A　2个盘子中心的2个圆的大小似乎是不同的，但实际上是相同的

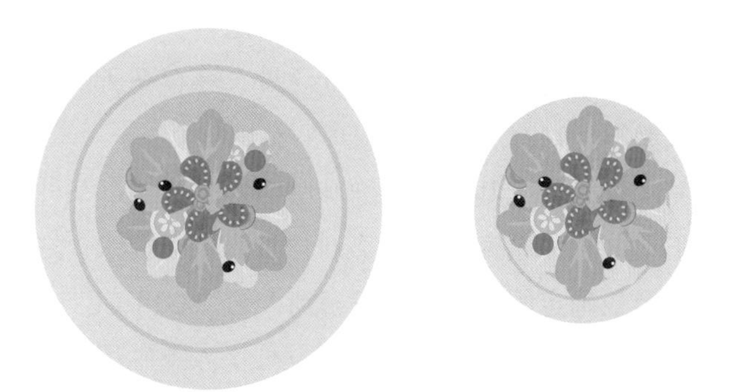

B　2个盘子中的菜哪一盘更多呢？别上了错觉的当！

↗ 德勃夫大小错觉

我们受这样一种观点的制约，即改变了食物的颜色，人们对食物味道的感知也会改变。比如，红色表示更高的甜度。甚至容

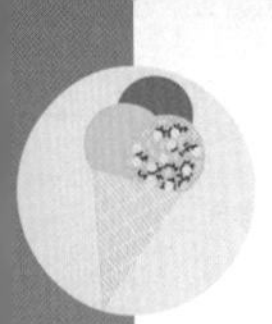

器的颜色也能影响我们的感知！我们不太清楚这是为什么，但是正如斯彭斯所观察到的那样，人们会认为用白色容器盛的慕斯蛋糕会比用黑色容器盛的更甜，至少甜10%；同样，用白色咖啡杯喝咖啡会比用透明咖啡杯喝咖啡感受到更浓郁的咖啡香气，你一大早喝咖啡的时候就能做这个试验。

除了颜色能增强或减弱食物的风味外，就连几何形状也能影响吃东西的感觉：如果把数量相同的食物放入2个形状相同但大小不同的盘子中，你很容易就陷入德勃夫大小错觉（Dolboef illusion）中，即你会相信小盘子里装的食物更多。

我们无法避开大脑开的玩笑，也正是因为包括错觉在内的种种神经机制，人类世世代代才得以在丛林中生存和发展。如今，面对更加丰富的食物，一些玩笑也在测试我们的认知系统。

◎ 餐桌上的兴奋体验

吃是我们一生中最重要的多感官体验之一，但不是唯一的。食物无疑能给我们带来愉悦感，除此之外，还存在所谓的**催欲食品**，用于刺激神经兴奋。但是它们真的有用吗？

含酒精的饮品，尤其是葡萄酒和啤酒，是能够以某种方式催欲的。我们不知道酒精究竟是什么时候加入人类的饮食之中的，但是最遥远及最确定的历史可以追溯到大约9 000年前，在中国某个考古遗址挖掘出的一个酒坛，底部发现了人类生产的发酵饮料残留物。埃及人肯定生产过啤酒和葡萄酒，吉萨金字塔出土的会计账本记录能够证明，一个建筑工人每天可以获得约3.5L啤酒作为酬劳。玛雅人发酵玉米，制造出了一种名叫龙舌兰（Pulque）的饮品；凯尔特人醉心于**蜂蜜酒**；有些民族喜欢喝**马奶酒**。更不用说希腊人和罗马人了，葡萄酒是他们文化的支柱，苏格拉底说："如果我们喝酒时不贪杯，一口一口地慢慢喝，那么葡萄酒就会像清晨最甜蜜的露珠一般，滑落进我们的喉咙。"而希腊人认为，水会让人变得脾气不好而且会变得过于严肃，但是酒却能滋养创造力，激发人们的热情和哲学思考。

但是，如果喝酒过量，又会发生什么呢？大脑能够运转主要依靠神经元，而已经被激活的神经元会将信息传递给其他的神经元，这个传递过程要依靠于神经元末梢分子——神经递质的释放来进行。酒精与具有抑制作用的神经递质γ-氨基丁酸能够相互作用：酒精与γ-氨基丁酸受体结合，抑制γ-氨基丁酸神经递质的释放，增强γ-氨基丁酸受体介导，抑制神经系统的工作。此外，运用到神经影像技术的研究还表明，在酒精的作用下，负责视觉感知和运动的额叶皮质区和顶叶皮质区之间的交流减弱了。当我们喝醉时，我们很难控制身体对外界刺激做出适当的反应，这会增加大脑的活动，大脑必须执行复杂的工作以弥补因酒精引起的错误感知，并更正分配到皮质区域以协调运动的命令。且不说长时间饮酒所带来的长远后果，光是醒酒之后，我们就能立即感受到一些明显的后果：头痛、口干、烦躁、注意力不集中，以及由酒精引起的脱水——因为酒精具有利尿作用，能导致体内大量液体流失。当然，这些后果也是因人而异的。比如，这些后果取决于我们身体对于饮酒的习惯程度，还取决于体质和性别，女性与男性相比，体内脂肪含量更高，含水量更低，因此女性对酒精的耐受程度不如男性。酒精在其他液体中会被稀释，这就是为什么人体内的含水总量能够影响酒精的吸收，以及影响吸收后产生的后果。还有，遗传因素也可能对酒精的吸收产生作用：一些人对脱水和乙醛的作用不敏感，乙醛是酒精在肝脏中代谢出来的一种有毒物质；还有人的体内有基因的特定变体，即乙醛代谢酶，而乙醛代谢酶具有更明显的解酒作用。

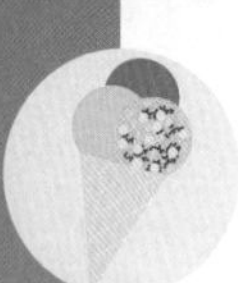

虽然我不会把酒精称为某种催欲食品，但毫无疑问的是，酒精能让人更容易冲动。但除了酒精之外，我们还多少从民间故事或者传说之中听到过其他具有催欲作用的食品，事实也正是如此。某些食品可以作用于身体，比如增加身体某些区域的血液流动；还有的食品作用于大脑，能促进兴奋。芦笋、生姜和杏仁能刺激雄性激素的产生，而牡蛎、香蕉和松子中含有维生素B、锌、D–天冬氨酸及其他与性激素释放有关的成分。蜂蜜也有催欲的作用，其中除了含有可产生睾丸激素的B族维生素外，还含有硼——有助于人体代谢和对雌性激素的利用。“度蜜月”（Honeymoon）这一传统从某种意义上来说也与蜂蜜这一珍贵食品的化学特性有关，这个词实际上指的是古代波斯的新婚夫妇在一起庆祝的一个“蜜月”，这里的“月”是月份的“月”，而不是月亮的“月”。新婚夫妇在举办婚礼之后的第一个月，每天都会饮用蜂蜜酒——一种从发酵蜂蜜中提取出来的酒精产品，这是一种开创性的仪式，意味着为多子多福的婚姻做准备。

那么巧克力呢？巧克力对于恋人们非常重要，每当恋人们在一起庆祝节日时，天空中就像下起了巧克力雨，这是爱情的象征。此外，这种比喻也是具有事实的依据，可可——最好是纯黑和苦味的可可，含有苯乙胺，一种生物碱和神经递质，能调节大脑中的血清素和内啡肽水平，这是让人感到快乐并且容易让人陷入爱河的秘密。还有辣椒，可改善血液循环、提高心率、出汗率和体温，产生一种和两性生活类似的感觉。

辣椒在我们的身体里燃烧，但是它的“火焰”并不会灼伤我们辣椒除了有令人愉悦的催欲效果之外，还会给我们带来类似于疼痛的感觉，可即便如此，我们还是如此喜欢吃辣椒，你有没有想过这是为什么呢？这似乎是一个谬论。每当我们吃辛辣食物时，大脑中就会发出警报：辣椒素——一种存在于辣椒中的生物碱，与舌头上对温度变化敏感的特定受体相结合后，大脑便认为我们的舌头上发生了“火灾”。吃辣椒带给我们的愉悦，就像蹦极带来的刺激一样，我们并不介意身体发出了警报信号，因为我们都知道，其实并没有什么危险。

这是美国著名的心理学家保罗·罗津（Paul Rozin）在相关的主题研究中所支持的一个观点。人脑中，负责愉悦的区域和负责痛苦的区域非常近，一旦这些区域开始起作用，就能激活大脑中管理更高意识的那些区域。罗津认为，对辛辣食物的喜爱无非是这些相邻的大脑区域之间相互作用的结果。痛苦和危险的感觉与愉悦的感觉混淆在了一起，让我们感觉自己的口腔像是在燃烧一样，但是我们知道这只是一种感觉，并且这种“燃烧”感在几分钟后就会消失，于是伴随着这种认知，令人舒缓的愉悦机制便被触发了。这是一种近乎受虐的表现，也是一场痛苦的骗局，但最终为我们带来了愉悦。不过，最好不要摄入过多辣椒素，因为一旦超出极限，它所带来的燃烧般的疼痛，你将无法忍受。**史高维尔辣度指数**是用于表示不同辣椒的辛辣度，该名称以美国化学家威伯·史高维尔（Wilbur Scoville）的名字命名，他于1922年做了一个感官测试来测量辣椒的辛辣度，并测出了不同辣椒的辣椒素含量。几乎对于所有人来说，最辣的辣椒辣度已远远超出了痛苦与愉悦相混淆的水平。美国卡罗来纳州死神辣椒是魔鬼椒（红色哈瓦那辣椒）和娜迦默里奇辣椒（辣到你摸一下都能感觉到强烈的灼烧感）杂交的品种，它不会给你带来任何愉悦的感受，相反，它会给你带来永远无法忘记的漫长而铭心的疼痛。

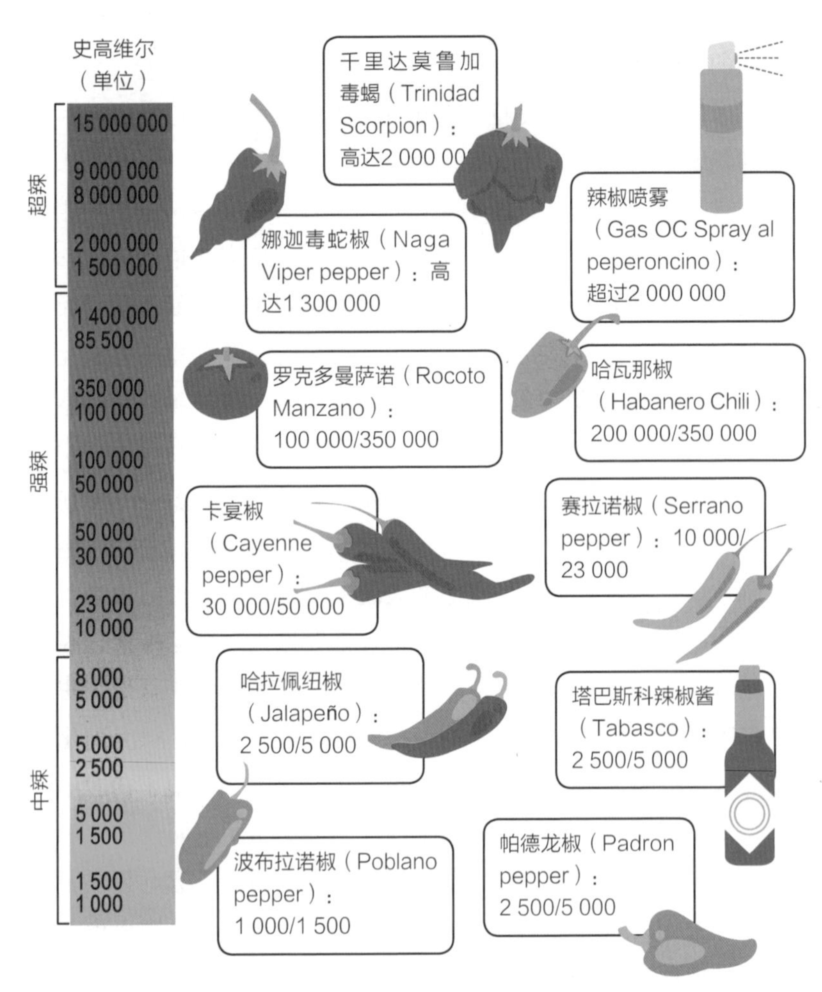

↗ 史高维尔辣度指数：测量辣椒的辣度

◉ 食色图片：网络空间中的饮食

从火辣辣的辣椒到让人垂涎欲滴的食色图片，我们不禁想问，这些烹饪上的形式主义到底要把我们引向何处！随着网络的爆炸式发展，我们从广告和电视节目中接触到越来越多的食物图片，于是，我们开始越来越多地谈论起**食色**。食色图片是对美食的视觉呈现，这种呈现并不是真实的，其目的在于放大我们对食物的渴望，直至对于食物产生一种过度的颂扬。正如之前说过的那样，光是看看食物的图片就足以激活我们的身体：增加唾液分泌，激活胃液的生成。当你认为一切都已准备就绪，可以享受这场大餐时，其实唯独还缺一样东西，恰恰也是最为重要的，即与食物的物理接触。

食色图片这个表达首次出现在1977年，在《纽约书评》（*New York Review of Books*）杂志上，其中的文章对这种在书中大量使用食品插图的狂潮进行了批判，尤其提到了大厨保罗·博古斯（Paul Bocuse）的《法国美食》（*Cucina Francese*）的再版，博古斯被认为是法国美食和**新式烹饪**之父。几年后，1984年，作家罗莎琳德·科沃德（Rosalind Coward）在她的《女性的欲望：今日女性研究》（*Female Desire*：*Women's Sexuality Today*）中再次使用了相同的表达方式，她谈到了我们在保持菜肴美感上的病态关注。在20世纪80年代，谁能预想到三十多年后的今天会发生什么。对于用奶油蛋白和榛子制成的美味饼干，我们会认为"不好看，但很好吃"。

一道菜当然应该既好吃又好看，但当人们烹饪的目的变成了拍照，问题就来了，当做好一道菜之后，人们往往会和这道精心烹饪的美食一起对着镜头微笑合影，甚至在品尝之前就已经把照片发布到了社交平台上。近些年来，其实你只需要抬头环顾四周，便能发现很多人都在对着美食拍照。

最近发生在我身边的一个例子是，一"滴"由琼脂制成的水——"雨滴蛋糕"，从纽约的街头到社交媒体的图片，再到一些烹饪杂志的版面，到处都能见到它的身影。它是一种带有一些

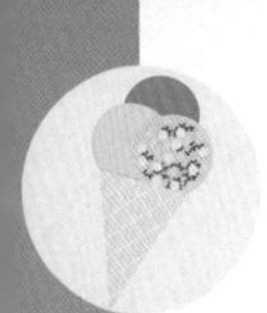

蜜糖和核桃粉的甜水，其实就是一种冰粉。雨滴蛋糕无疑是一个可看可拍又可激发好奇心的完美对象。但是，这个由琼脂制成的甜品会给我们带来什么感觉呢？这又会是一种怎样奇妙的美食体验呢？

相对于真正与食物的接触来说，食色图片其实是做了减法，它跳过了食材到餐桌这个中间的烹饪过程，让人产生一种可以即食的错觉，同时还消除了饮食的复杂性，从而对感官进行“欺骗”，它将重点放在了技术上而不是食物本身上。当静态图像不足以诱人时，便出现了动态的图像。打鸡蛋，浇浓汤，咕咕作响或嘶嘶冒泡的食物，这些相关的动态图都使食物看起来更加可口和美味，更加让人渴望。虽说视觉和听觉仅能感知电磁波和空气振动，不能感知分子，然而这一切已足够令人满足了。但是，食色图片也需要逐渐提高刺激的阈限，甚至创造出一些怪异的饮食来刺激我们的味觉。只有这样，才能引起在日常生活中对饮食粗心大意的我们的注意。

这里所说的饮食上的粗心大意就是关于所谓的**垃圾食品**。垃圾食品除了不利于健康，还极大地改变了我们对食品的态度，比如抵消了我们对于发现新口味的欲望。过量食用高热量的垃圾食品能引发神经适应的反应，这种反应与报酬机制和抑制机制有关，这种现象已在大鼠身上做了实验观察：在很长一段时间没进食的情况下，有着健康饮食习惯的动物会倾向于尝试新的口味；而用垃圾食品喂养的老鼠不仅体重增长了，对于食物的选择也无动于衷，即使恢复到健康饮食之后，它们也失去了换掉长期饮食口味的能力，以及失去了对新口味的尝试欲望。

因此，垃圾食品会引起老鼠大脑内眶额皮质的奖赏回路，并产生持久性的变化。如果所有哺乳动物都与老鼠的机制相似，我们就能解释为什么许多人在限制摄入垃圾食品方面会出现困难，而且垃圾食品也是肥胖的主要原因之一。

◉ 营养美味，快乐烹饪

伟大的希腊医生希波克拉底在公元前4世纪就这样说过：“让食物成为你的药，而你的药就是食物。”我们都知道，吃得好，身体才能好，饮食影响着我们的身心健康。我们需要好好照顾自己，而食物能帮助我们感到快乐并保持健康。纽约大学的神经科学家温迪·苏卡基（Wendy Suzucki）曾是一个体重超重者，正如她在2015年出版的《快乐大脑》（*Happy Brain*）中所讲述的那样，我们可以通过饮食，使身体与生活相协调。

吃饭时上的最后一道菜，一道简单而精致的甜点，甜点往往会选择带有明显酸味的，比如带有浆果果泥的柠檬蛋糕……同时，如何治愈并滋养最不敏锐的嗅觉，并使得味觉异常的患者能在食物中重获快乐和幸福，这对于厨师、营养学家、医生和心理学家来说，也是一个挑战。我们可以想象，经过了一场可能会妨碍正常吞咽或咀嚼的治疗之后，或者在一次特殊的病理期之后，随着年龄的增长，对于所食菜肴的口味感受会发生怎样的改变呢？那么，为什么不利用在美食领域中学到的知识，来再次愉悦我们的味觉呢？

来自意大利阿布鲁佐大区的厨师尼基·罗米托（Niko Romito），是米其林三星餐厅厨师，他通过“营养与智力”（IN-Intelligenza Nutrionale）项目，几乎每天都为医院食堂带去美味佳肴。如果我们不希望食品的营养价值减少，或者想要取悦那些极为挑剔的味蕾，那么我们不仅要考虑基本食材的质量，还需要考虑烹饪方法的质量。

罗米托的项目提出了一套可行的食谱系统，能把浪费减至最

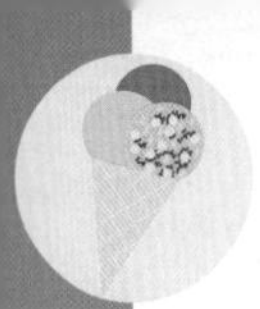

少，让尽可能多的人品尝到最高质量的饮食，并因此感到愉悦。仅就意大利的医院而言，有45%的饭菜被浪费了，然而饮食应该作为治疗的基本组成部分。

真空蒸煮、蒸汽蒸煮、低温蒸煮，或者在烤箱中进行烘烤，直到消灭了所有的污染细菌，这些都是在大饭店的厨房中会用到的技术，同时更应该用于医院和治疗中心的饮食中。不仅如此，通过运用多种口味，将其以正确的方式进行组合，便能在保持健康和营养的同时增强食物的味道，这对我们是有很多益处的！

烹饪营养美味的饮食还意味着要学会将视觉和其他感官结合起来利用，在使食品更加美味营养的同时，也要更具吸引力。“在饮食过程中，要懂得享受，这也是必要因素。”当前，医学院也已经开始提供医学烹饪的课程，旨在为未来的医生提供有用的方法，帮助他们了解营养素是如何随着烹饪和制备方式的不同而发生变化的，以及了解哪种组合和剂量能对人的机体和精神带来有益的影响。

此外，在这些领域进行研究的人们，越来越关注神经退行性疾病与营养之间的关系，他们希望能以此对康复课程有更深入的帮助。

神经系统疾病除了会降低对食物的感知之外，还能导致认知和进食行为的障碍。比如，有许多研究强调帕金森综合征等神经系统疾病与肥胖症之间的关联性。正如卢米亚蒂在科学杂志《大脑与认知》（*Brain&Congnition*）上发表的一项研究中所表明的那样，患有阿尔茨海默综合征的人，相较于水果或者蔬菜等未经加工的食品来说，他们能够更准确地认出与熟食相关的图像。由此可见，大脑更加重视热量，并且它与熟食和烹饪食品之间有着某种特殊而密切的联系。总的来说，任何与食物有关的事物都能在一定程度上抵抗脑损伤。这就是为什么，对于老年人来说，在有人陪伴下进行烹饪是一件很值得推荐的活动。对于某些随年龄增长而患上的疾病而言，烹饪当然是具有一些积极作用的，它能够帮助我们得到放松，甚至还可能起到预防疾病作用。走进厨房，在炉子边忙忙碌碌，再坐到餐桌上和家人朋友一起吃饭，这些都有益于我们的身心健康。

无论是在户外野炊，还是在看起来像是实验室的厨房，每个人都能找到自己的空间，是像我这样并不具备烹饪技能的人，也能在厨房中应对一下，在炉火之间找到属于自己的一片天地，为我的美食幻想增添一些味道。我为什么喜欢烹饪？因为烹饪是有益的，尤其是可以把烹饪的快乐分享出去，当然烹饪的益处远不止于此。我从梅丽尔·斯特里普（Meryl Streep）饰演的《朱莉与茱莉亚》（*Julie & Julia*）中的角色茱莉亚那里学到了几句话，她在影片中以简单又崇高的方式，表达了对于烹饪这种魔法的观点："我喜欢那种，一天过去对一切都无能为力，这里的一切是指所有的事情，然后你回家却能确切地知道，如果往巧克力里加蛋黄、糖和牛奶，它就会变得浓稠，这真是莫大的安慰啊！"更重要的是，你要知道除了巧克力、鸡蛋、糖和牛奶之外，还有很多东西可以使它变得浓稠，我相信你会找到答案的。

·厨房实验室·

奎宁：一个甜蜜的惊喜

奎宁提取自金鸡纳树的树皮，是一种苦味的化合物（生物碱），在医学上用作解热剂、治疗疟疾及止痛药。多亏了奎宁，我们才不用害怕疟疾寄生虫。在很多饮料中也含有极少量的奎宁，最常见的就是汤力水了。我们在这里要讨论的是它的荧光

性，以及它是如何与其他味道相互作用的。谁说只有加糖才使饮料更甜？在某些情况下，加一点盐也可以做到。

需用物品：一瓶汤力水（含奎宁）、玻璃杯、紫外线灯、精盐、汤匙、黑暗的房间。

具体步骤：在黑暗的房间里，如果用紫外线射向一瓶汤力水（注意：请勿将紫外线射向眼睛），你会发现瓶中的物质在发光。紫外线可被奎宁分子中的原子所吸收，这些原子首先会被激活，然后在回到未激活状态的同时以光辐射的形式恢复能量，从而使得汤力水发出荧光。在荧光现象中，我们看不到被吸收了的紫外线，只能看到可见光，而奎宁溶液中的荧光是蓝色的。然而，奎宁的独特之处并不止于此。你可以试着把少量的汤力水倒入玻璃杯中，加入少量盐，再品尝一下。一点一点地往里加盐，不要加得过多，你会发现这杯水越来越甜了，因为盐掩盖了奎宁的苦味，使甜味浮现了出来。酸味、咸味、苦味和甜味就像互补色：把这些味道结合起来，它们能够彼此增强或者抵消，这种现象发生的原因尚未完全清楚。一些厨师会使用少量糖来平衡咸味，你也可以添加一些盐降低柠檬水的酸度。

盐还能降低某些水果的苦味。你下次做柚子汁时，可以尝试添加少许盐而不是糖：你会发现喝起来更甜，就像把盐加入汤力水时所发生的一样。

·厨房实验室·

超级味觉者的舌头

你不喜欢太苦的食物吗？你讨厌吃西兰花吗？你是一个吃饭特别挑剔的人吗？那么你有可能是一个超级味觉者！对于超级味

觉者来说，他品尝到的食物味道比大多数人要强烈得多。有一种方法或许可以很快地知道一个人是不是超级味觉者——分析他的舌头。舌乳头的味觉按钮上有50~150个味觉受体细胞，这些受体与我们食用的食物分子相互作用。味觉按钮的数量因人而异，但超级味觉者的味觉按钮数量会超过平均水平，所以这会使他对苦味的食物感受特别明显。

需用物品：黏性环孔（每位志愿者一个），或者带有与黏性环孔大小相同的孔（约0.5 cm）的纸张、蓝色食用色素、眼镜（每位志愿者一副）、放大镜、小电筒、笔、纸。

具体步骤：在每位志愿者的舌头上滴一滴蓝色食用色素，口腔里的唾液能帮助色素在舌头上着色。让第一个志愿者咽下色素，并且让染上了蓝色的舌头尽可能保持干燥。

在色素的作用下，舌头上的菌状乳头将会明显地呈现出来，它们在蓝色背景下显示为粉红色或浅蓝色的凸起状，这些凸起的部分就是味觉按钮。将带有孔的纸片放在志愿者的舌尖上，用手电筒照亮，并用放大镜观察凸起的部分，数一下你看到的菌状乳头数量，只数大的，记录下这个数字。其他志愿者重复该操作。舌头上有超过30个菌状乳头的人可视为超级味觉者。尽管在世界范围内，这个数据存在一定的误差，但有25%~30%的人是超级味觉者，这个数据与味盲者的数量相似，味盲者舌头上的菌状乳头不到10个。还有很多更加精确的基因测试可以了解一个人是否是超级味觉者，这些测试可以验证人们对非常苦的化学药品的敏感性，比如丙硫氧嘧啶（PROP）或苯硫脲（PTC）。而味盲者则察觉不出对于超级味觉者来说难以接受的味道。我挺喜欢站在镜子前，把舌头涂成蓝色后，数舌尖上的菌状乳头。那么你呢？你有多少个？

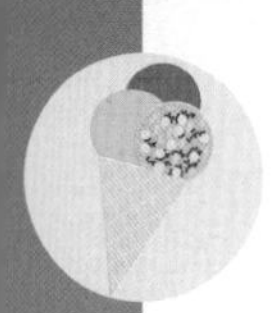

致谢

我的父母会在节日到来前很早就着手准备聚会上的美食，能到餐桌上的都是他们寻找到的最好的食材，同时，我也非常感谢那些带来了珍贵食材的人，那些由他们自己种植和收获的营养食品，或者是一道已经准备好的菜肴。一桌菜就是这样诞生的。我的这本书也是以这种方式诞生的。首先，我要感谢对食物和科学充满了热情和好奇心的人，感谢和我一同分享了大部分美食的人，感谢我的父母和妻子萨拉，在我被其他好玩的事情分了心的时候，他们仍然以他们的好奇心、热情、耐心支持着我的写作。

我还要感谢斯蒂法诺·米兰诺（Stefano Milano）和恩里科·卡萨迪（Enrico Casadei），是他们给我机会让我了解到这么多美食，是他们帮助我把一些想法和建议变成了一本书。感谢所有或多或少给了我想法和建议的人，感谢来自恩多诺特食品科学实验室（Entonote）的朱利亚·马菲（Giulia Maffei）和朱利亚·塔奇尼（Giulia Tarchini），来自森林野生食品实验室的瓦莱里亚·莫斯卡（Valeria Mosca），以及我的朋友、一流的侍酒师卢卡·马蒂尼（Luca Martini）。我还要感谢本书的编辑人员及阿尔伯特花园（Giardino di Albert，瑞士的一个意大利语广播电视台）的朋友们，感谢他们为我提供平台来进行美食实验，感谢他们为我提供的烹饪实验室。

我怀揣着不安的心情，走进了一个新世界，这个世界里有拥有远见、品味和好奇心的人，有服务员、美食家和善良的酒徒，有厨师、江湖人士和研究人员，有购物者，还有志向远大的厨艺大师。我感谢我在书中提到的所有人，他们不知道我在书中提到了他们，而我也是在品尝过他们制作的菜肴，或是从别人那里听说，才知道他们的故事的。我想自己创造出一份菜单，我要以真诚和热情的心，收集声音、故事和家庭自制的小小经历。

最后，书中难免会出现一些偏差和错误，为此我将承担起全部责任。祝您用餐愉快！